商业智能
Power BI 数据分析

恒盛杰资讯◎编著

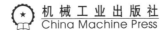

机械工业出版社
China Machine Press

图书在版编目（CIP）数据

商业智能：Power BI 数据分析/恒盛杰资讯编著. —北京：机械工业出版社，2019.9

ISBN 978-7-111-63616-8

Ⅰ．①商… Ⅱ．①恒… Ⅲ．①可视化软件－数据分析 Ⅳ．① TP317.3

中国版本图书馆 CIP 数据核字（2019）第 197769 号

随着大数据时代的来临，各种数据分析与可视化软件层出不穷，微软公司开发的 Power BI 凭借着丰富且美观的可交互视觉对象、业内领先的数据建模能力、优秀的跨设备共享能力等优势脱颖而出。

本书内容共 8 章。第 1 章对 Power BI 进行了简单介绍。第 2 章讲解用 Power BI 制作报表的完整流程，包括数据的获取、整理、建模、可视化及发布等，带领读者体验 Power BI 的魅力。第 3 章和第 4 章讲解如何用 Power Query 完成数据整理，为数据分析做好准备。第 5~7 章讲解如何用 DAX 完成数据建模。第 8 章讲解如何运用视觉对象完成数据的可视化。

本书适合需要学习数据分析与可视化技术的办公人员、数据分析人员、科研人员阅读，也可供学校师生或数据分析爱好者参考，还可作为 Power BI 软件培训班的教材。

商业智能：Power BI 数据分析

出版发行：机械工业出版社（北京市西城区百万庄大街 22 号　邮政编码：100037）

责任编辑：李杰臣　李华君　　　　　　　责任校对：庄　瑜

印　　刷：北京天颖印刷有限公司　　　　版　　次：2019 年 10 月第 1 版第 1 次印刷

开　　本：190mm×210mm　1/24　　　印　　张：8.5

书　　号：ISBN 978-7-111-63616-8　　　定　　价：59.80 元

客服电话：（010）88361066　88379833　68326294　　投稿热线：（010）88379604

华章网站：www.hzbook.com　　　　　　读者信箱：hzit@hzbook.com

Preface 前言

在大数据时代，人们的一举一动都在产生海量的数据，这其中蕴藏着宝贵的知识和规律，需要通过数据分析来获取，从而帮助企业更加迅捷地做出决策并采取行动，抢占市场的先机。

本书要介绍的 Power BI 是由微软公司推出的一款商业智能（BI）数据分析工具。它提供了一种快速、简便、强大的方式来分析和呈现数据。不管你从事哪个行业，处于什么职位，Power BI 都能帮助你提高数据洞察力，从数据中获得独到的见解。

本书内容共 8 章。第 1 章对 Power BI 进行了简单介绍。第 2 章讲解用 Power BI 制作报表的完整流程，包括数据的获取、整理、建模、可视化及发布等，带领读者体验 Power BI 的魅力。第 3 章和第 4 章讲解如何用 Power Query 完成数据整理，为数据分析做好准备。第 5 ～ 7 章讲解如何用 DAX 完成数据建模。第 8 章讲解如何运用视觉对象完成数据的可视化。

本书中的知识点都是结合实例进行讲解的，通过浅显易懂的文字配合清晰直观的截图来展示操作过程。读者可以按照书中的讲解，结合配套的实例文件一步一步地动手实践，学习效果立竿见影。

本书适合需要学习数据分析与可视化技术的办公人员、数据分析人员、科研人员阅读，也可供学校师生或数据分析爱好者参考，还可作为 Power BI 软件培训班的教材。

由于编者水平有限，在编写本书的过程中难免有不足之处，恳请广大读者指正批评，除了扫描二维码关注公众号获取资讯以外，也可加入 QQ 群 733869952 与我们交流。

编者

2019 年 8 月

如何获取学习资源

 扫描关注微信公众号

在手机微信的"发现"页面中点击"扫一扫"功能，如右一图所示，进入"二维码 / 条码"界面，将手机摄像头对准右二图中的二维码，扫描识别后进入"详细资料"页面，点击"关注公众号"按钮，关注我们的微信公众号。

 获取学习资源下载地址和提取密码

点击公众号主页面左下角的小键盘图标，进入输入状态，在输入框中输入"pb03"，点击"发送"按钮，即可获取本书学习资源的下载地址和提取密码，如右图所示。

 打开学习资源下载页面

在计算机的网页浏览器地址栏中输入前面获取的下载地址（输入时注意区分大小写），如右图所示，按 Enter 键即可打开学习资源下载页面。

 输入密码并下载文件

在学习资源下载页面的"请输入提取密码"文本框中输入前面获取的提取密码（输入时注意区分大小写），再单击"提取文件"按钮。在新页面中单击打开资源文件夹，在要下载的文件名后单击"下载"按钮，即可将其下载到计算机中。如果页面中提示选择"高速下载"还是"普通下载"，请选择"普通下载"。下载的文件如为压缩包，可使用 7-Zip、WinRAR 等软件解压。

提示： 读者在下载和使用学习资源的过程中如果遇到自己解决不了的问题，请加入QQ群733869952，下载群文件中的详细说明，或找群管理员提供帮助。

Contents 目录

前言
如何获取学习资源

第1章 迈好第一步——Power BI 基础知识

1.1 Power BI：微软新神器 10

1.2 为什么选择 Power BI 12

1.3 学习 Power BI 可能会遇到的问题 17

1.4 Power BI Desktop 的安装和介绍 22

第2章 数据分析必经之路——Power BI 报表制作全流程

2.1 连接数据源：迈出 Power BI 的第一步 30

　2.1.1 导入 Excel 工作簿：最佳的数据搭档 30

　2.1.2 获取数据：突破数据来源的限制 33

2.2 整理数据：修正数据中的明显错误 40

2.3 数据建模：厘清数据的内在联系 42

2.4 可视化：酷炫的数据表达方式 47

2.5 报表发布：与他人共享数据 50

第3章 整理不规范的数据——Power Query 基本操作

3.1 知己知彼：初识 Power Query 编辑器 54

3.2 稳扎稳打：数据的简单处理 55

3.3　事半功倍：行列数据的转换 63

3.4　锦上添花：数据整理的进阶工具 70

第4章　为数据分析做准备——Power Query 高级应用

4.1　添加列：增加辅助数据 78

4.1.1　添加重复列 78

4.1.2　添加条件列 78

4.1.3　添加自定义列 80

4.2　分组依据：分类汇总行列数据 82

4.3　合并与追加：汇总多个表的数据 83

4.3.1　合并查询 83

4.3.2　追加查询 85

4.4　列分析：轻松发现数据质量问题 88

4.5　M 语言：数据处理的高级玩法 90

第5章　学习 DAX 的正确姿势——DAX 语言入门

5.1　DAX 语言：数据建模的核心和灵魂 97

5.2　度量值：移动的公式 103

5.3　新建列：为多个表建立关系 107

5.4　新表：利用 DAX 函数构建新表 111

5.4.1　UNION 函数：合并多个表 112

5.4.2　NATURALINNERJOIN 函数：合并联结两个表 113

5.4.3　DISTINCT 函数：提取维度表 116

5.4.4　ADDCOLUMNS/CALENDAR/FORMAT 函数：生成日期表 117

5.4.5　ROW/BLANK 函数：新增空表 120

第6章 最常用也是最好用的——DAX 进阶函数

6.1　CALCULATE 函数：实现 DAX 功能的引擎 123

　　案例　列出不同筛选条件下的产品销售数量 123

6.2　SUMX 函数：完成列数据的逐行求和 129

　　案例　创建度量值统计销售额 129

6.3　SUMMARIZE 函数：建立汇总表 132

　　案例　汇总产品在各城市的销售额 132

6.4　IF/SWITCH 函数：分组数据 137

　　案例　将销售额分为优、良、差三个等级 138

6.5　RELATED/RELATEDTABLE 函数：单条件数据匹配 139

　　案例　为建有关系的两个表匹配数据 140

6.6　LOOKUPVALUE 函数：多条件数据匹配 142

　　案例　将销售单价从一个表匹配到另一个表 143

6.7　ALL/ALLSELECTED 函数：计算占比 144

　　案例　计算产品占总体或类别的比例 145

第7章 进击之路从这里开始——DAX 高阶函数

7.1　FILTER 函数：高级筛选器 157

　　案例　筛选超过 2000 万的城市销售金额 157

7.2　VALUES/HASONEVALUE 函数：删除重复值 / 判断唯一性 162

　　案例　转换"商铺城市"列为表 / 禁止计算总计值 162

7.3　TOTALYTD 函数：年初至今的累计数据计算 166

　　案例　计算销售总额的累计同比增长率 167

7.4　EARLIER 函数：获取当前行信息 170

　　案例　计算产品的累计销售额和累计销售数量 171

7.5　RANKX 函数：排名统计 175

　　案例　查看商铺城市和产品的销售总额排名情况 175

7.6　TOPN 函数：实现前几名或后几名的可视化展现 180

　　案例　查看前 5 名城市销售总额占比的趋势 180

第8章　令人瞩目的数据表现形式——数据可视化

8.1　自定义视觉对象：突破想象力的可视化效果 185

8.2　标注最大值、最小值：关注走势图的特定数据 188

8.3　筛选器：筛掉无关数据，保留关注信息 189

8.4　编辑交互：体验更灵活的数据可视化 196

8.5　钻取：深入了解更详细的信息 198

8.6　工具提示：满足不同层次的用户需求 201

第 1 章

迈好第一步
——Power BI 基础知识

　　数据分析指的是利用适当的统计分析方法对收集来的数据进行分析，从中提取有用信息的过程。随着大数据时代的到来，需要处理的数据呈爆发式增长，因此，数据分析必须借助计算机，使用专业的软件工具才能完成。目前市面上有大量数据分析工具可供选择，其中微软公司推出的 Power BI 独受青睐。本章就将带领读者认识这个新一代的数据分析利器。

1.1　Power BI：微软新神器

　　每个企业的生产经营活动都会产生一定的数据，科学的数据分析可以又快又准地揪出企业生产经营中存在的问题，帮助企业经营者做出明智的决策。如今，越来越多的企业意识到了数据分析对于企业发展的重要意义，但是，随着业务量的增长和数据量的膨胀，数据的捕获、存储和组织都变得相当复杂，这些工作无法完全交由人工来处理，商业智能（翻译自英文 Business Intelligence，通常缩写为 BI）便应运而生。简单来说，商业智能是通过分析一个企业及其所在行业的数据，达到增加利润并提升竞争优势的目的。随着企业的商业智能业务需求的增长，各种商业智能分析工具层出不穷，Power BI 就是其中之一。

　　什么是 Power BI 呢？

　　Power BI 是微软公司推出的一套用于分析数据和共享见解的 BI 工具，它可以连接数百个数据源，简化数据的准备工作，即时完成数据的统计分析，并将分析结果制作成类型丰富、外观专业的交互式可视化报告，发布到网页和移动设备上，供相关人员随时随地查阅，以便实时监测企业各项业务的运行状况。下图展示了通过 Power BI 对各类数据进行可视化的大致过程。

　　Power BI 既可作为员工的个人报表和可视化工具，又可作为项目组、部门或整个企业背后的分析和决策引擎。它由三个部分组成，即 Windows 桌面应用程序（Power BI Desktop）、Power BI Service（Power BI 服务），以及可在 iOS 和 Android 设备上使用的 App（Power BI 移动版）。

　　Power BI Desktop 是一款可在本地计算机上安装的免费应用程序。借助 Power BI Desktop，可以汇集多种来源的数据，创建复杂且视觉效果丰富的报表。通过 Power BI 服务可与其他人共享制作的报表。通过 Power BI 移动版可在手机等移动设备上实时查看数据更新，随时掌握业务状况。如下图所示为 Power BI 的三个组成部分。

Power BI Desktop

Power BI 服务

Power BI 移动版

　　用户具体使用 Power BI 的哪一部分是由用户在项目中的角色或所在的团队决定的，不同角色的人可能以不同的方式使用 Power BI。例如，数据分析人员主要使用 Power BI Desktop 和 Power BI 服务制作报表和仪表板，并使用 Power BI 服务共享报表和仪表板；领导层和大多数一线员工主要在办公室的计算机上使用 Power BI 服务查看制作好的报表和仪表板；经常出差在外的销售经理则主要在手机等移动设备上使用 Power BI 移动版监视销售进度，了解潜在客户的详细信息。

　　当然，同一个人也有可能会在不同时间使用 Power BI 的不同部分，但是无论使用哪个部分，通常都要遵循以下工作流程。

- 将数据导入 Power BI Desktop，并创建报表。

- 将报表发布到 Power BI 服务，可在该服务中创建新的视觉对象或构建仪表板，并与他人（尤其是出差人员）共享仪表板。

- 在 Power BI 移动版中查看共享的仪表板和报表，并与其交互。

总之，Power BI 的三个组成部分旨在帮助用户以最有效的方式创建、共享和获取商业见解。

1.2 为什么选择 Power BI

"工欲善其事，必先利其器。"数据分析工具的好坏决定了数据分析的工作效率和工作质量，因此，数据分析工具的选择非常重要。市面上的数据分析工具有很多，下面就来对比几款常见的数据分析工具，谈一谈我们为什么要选择 Power BI。

1．Excel——上手简单的数据分析工具

Excel 是 Office 办公系统的组件之一，它具有界面友好、操作直观、简单易学等优点。利用 Excel 既可以对数据进行整理和统计，还可以将统计结果用图表展现出来。如下图所示为在 Excel 中对区域销售额进行分析和展示的效果。

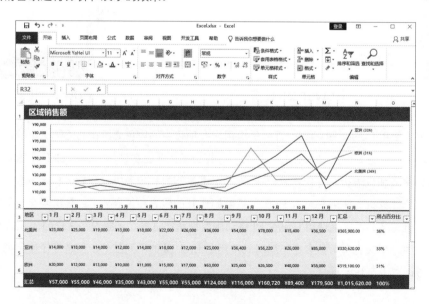

Excel 在日常办公领域的普及率很高，但是，若要完成整个企业的数据分析，Excel 就无法胜任了，主要原因有以下几点。

• 一个工作表虽然能存储上百万条数据记录，但是当数据量过大时，Excel 的查询和计算速度会明显下降，无法满足企业对数据分析效率的极高要求。

• 虽然 Excel 内置了多种类型的图表，但是企业数据体量大、类型杂，若要将如此庞杂的数据信息呈现在一个图表中，并从不同角度进行多维分析，Excel 图表就力不从心了。

• Excel 只能限制用户的访问和修改权限，无法对用户进行角色管理。所以 Excel 在一些简单的破解程序面前将毫无招架之力，也就是说，Excel 的安全性是有限的。

总而言之，Excel 可以满足一般办公人员的日常工作需求，但是对于专业的数据分析人员来说，还需要掌握更高级的数据分析工具。

2．SPSS——适用于统计分析的数据分析工具

SPSS 是一款在市场研究、医学统计和企业数据分析应用领域久享盛名的数据分析工具。通过它，直接用鼠标就能完成回归分析、方差分析、多变量分析等复杂的分析工作，并同时输出图形。日常工作中常用到的 Excel 工作簿数据、文本格式数据等均可导入 SPSS 中进行分析。如下图所示为使用 SPSS 进行分析的效果。

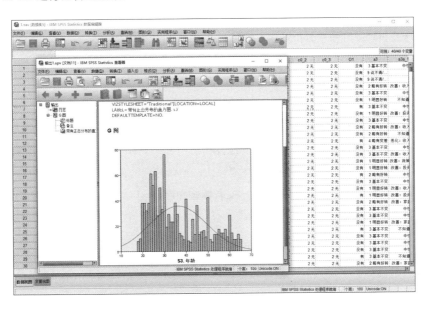

相比 Excel，SPSS 在数据分析领域有较大的优势，但它需要用户掌握一定的统计学基础知识，并能够理解一些分析模型，学习的门槛较高。此外，SPSS 制作的数据可视化效果外观过于单调和简陋，不太符合当前的审美潮流。

3．R 语言——可扩展的开源数据分析工具

R 语言是一个数据分析环境，采用的是命令行的工作方式，所有工作都需要通过输入程序代码来完成。它具有程序小巧精悍、语法结构简单、免费开源、扩展丰富等优点。

R 语言采用的命令行工作方式对于习惯了图形界面的用户可能会不太友好，对于没有编程基础的人来说，更是存在较大的上手难度。并且 R 语言和 SPSS 一样，不适合毫无统计知识的初学者。虽然 R 语言的功能可以通过安装扩展包而得到增强，但是这些扩展包来自不同的贡献者，由于贡献者的水平参差不齐，很容易导致扩展包存在一些质量问题，对于鉴别和判断能力较弱的初学者来说，无疑增加了学习和使用的负担。

4．Python——面面俱到的数据分析工具

Python 是当前非常流行的一种程序设计语言。如果说 R 语言的优势在于数据统计分析领域的游刃有余，那么 Python 的优势则在能够平衡兼顾系统的操作、文本的处理及复杂的数据挖掘算法。如今 Python 已经广泛地应用于 Web 开发、网络编程、人工智能、机器学习等领域，因而越来越多的数据分析师呼吁新手分析师学习使用 Python 进行数据分析。

但是，Python 的开源性使得它在保密功能上存在一些隐患，并且对于没有编程基础的用户而言，Python 的学习门槛还是比较高的。

5．Power BI——数据分析界的后起之秀

综合上述分析，可以发现这些工具在功能性和易用性之间或多或少都存在一些矛盾。有的工具较易上手，但功能又有欠缺；有的工具功能强大，但学习门槛又太高。Power BI 则在这两者之间取得了较好的平衡。下面就来看看 Power BI 有哪些优点。

（1）支持的数据来源广泛

Power BI 不仅在处理大量数据时速度很快，而且可以连接多种来源的数据，如 Excel、文本、PDF、Access 数据库、SQL Server 数据库等，如下图所示。并且随着 Power BI 的更新，可连接的数据类型还在不断增加。

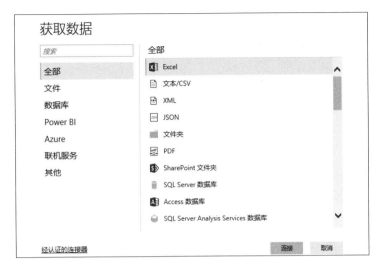

（2）软件更新速度快

Power BI 自发布以来，几乎每月都要更新一次。每次更新除了修补软件漏洞，还会改进或新增功能，让用户操作起来更顺手，甚至能让工作效率发生质的飞跃。

（3）种类繁多的可视化图表

Power BI 除了预置种类全面、外观精美的常用图表之外，还提供了内容丰富的扩展图表库，如下图所示，用户可免费下载使用。而且该图表库会不断更新，补充新的视觉对象。

（4）在业界遥遥领先的地位

国际著名资讯机构 Gartner 在 2019 年发布的商业智能和分析平台魔力象限报告中简要描述了商业智能和分析平台的发展走势，逐一分析了 21 家商业智能和分析平台厂商的优势和应注意的问题，如下图所示。

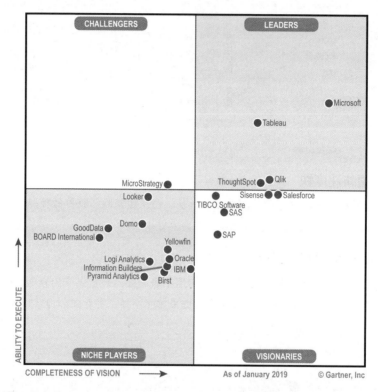

上图中的横轴表示前瞻性（Completeness of Vision），包括厂商或供应商提供的产品底层技术基础能力、市场领导能力、创新能力和外部投资等。纵轴表示执行能力（Ability to Execute），包括产品的使用难度、市场服务的完善程度、技术支持能力、管理团队的经验和能力等。

上图中，入选魔力象限的 21 家厂商整体的表现特点大致总结如下。

• 整体执行能力（Ability to Execute）不高。即产品的使用难度、市场服务的完善程度、技术支持能力、管理团队的经验和能力在某些方面或环节得到的评价不高。除了 Tableau 和 Microsoft，即使是入选领导者（Leaders）象限的 Qlik 和 ThoughtSpot 也没有真正深入领导者（Leaders）的腹地。

• 具备前瞻性（Completeness of Vision）的产品很多。即对产品底层技术基础的能力、市场领导能力和创新能力等，各个厂商的投入还是比较大的，Microsoft 的表现尤为突出。

• 业务驱动分析的自助式分析厂商更受市场青睐。入选领导者象限（Leaders）的厂商在商业智能和分析领域只有四家。其中 Tableau、Qlik、ThoughtSpot 都具备很强的可视化交互、探索和展现能力，而 Microsoft 具备完整的 BI 架构应用体系，其中尤以 Power BI 产品在可视化领域突破最大。

由此可见，Power BI 在商业智能和分析平台领域处于遥遥领先的地位，发展前景良好。学习 Power BI，对个人的职业生涯发展将大有益处。

1.3　学习 Power BI 可能会遇到的问题

新手在学习 Power BI 的过程中，不可避免地会遇到各种问题，例如：感觉要学习的东西太多，不知该从哪里入手；实践中遇到莫名其妙的操作错误，不知该如何解决；等等。为提高学习效率，本节总结出了新手在学习 Power BI 的过程中常见的一些问题，并一一给出解决的办法或建议。

1. 不知道学习 Power BI 该从何处入手

无论学习哪种软件，首先都需要搭建好学习框架，然后遵循从易到难的学习流程，从基础知识开始学习，打牢根基，再针对重点和难点知识各个击破。学过 Excel 的读者应该都知道，一般的学习流程是先学习数据输入和编辑等基础知识，再学习公式、函数和图表等进阶知识。Power BI 的学习流程也是如此。本书将在第 2 章介绍用 Power BI 制作报表的完整流程，希望读者能够跟随书中的讲解自己操作一遍，直观地感受和了解 Power BI 的几大功能板块，然后搭建出适合自己的学习框架和学习流程。如果读者想要更全面地学习 Power BI 的基础知识，可阅读《Power BI 智能数据分析与可视化从入门到精通》一书。

掌握了 Power BI 的基础知识及常用功能后，还需要多做练习、勤于思考。练习是软件学习的灵魂，因为软件的学习非常讲究实践性，光看不练是无法将书本上的知识转化成实际操作能力的。因此，本书在讲解知识时使用了大量的案例，读者可以边学习边操作。在练习的过程中还要不断地推敲和思考，想清楚为什么要这样做，经过思考的操作会更深刻地印在脑海里，从而在实际工作中运用自如。

2．如何掌握 Power BI 的重要知识点

不少人在学习 Power BI 时，总想系统地学习每一个知识点，追求大而全，从而花费大量时间和精力在理解各种概念和理论知识上。但是从数据分析的角度来看，学习 Power BI 只要掌握几个重要知识点即可。

数据分析，顾名思义，必须要以数据为先，分析为后。因此，在使用 Power BI 进行数据分析时，数据的处理是最基本也是最重要的。本书的第 3 章和第 4 章就详细讲解了用于数据处理的 Power Query 编辑器。

完成数据处理后，如果不对数据进行分析来获取有价值的信息，那么数据整理得再井井有条也只是个"绣花枕头"。因此，Power BI 中用于数据分析的 DAX 函数也是一个重要的知识点，本书的第 5 ～ 7 章就用大量笔墨详细讲解了 DAX 函数。

掌握 DAX 函数后，就能事半功倍地学习数据可视化了。本书的第 8 章就详细讲解了 Power BI 数据可视化中常用的重要工具。Power BI 中许多视觉对象的数据可视化效果和 Excel 图表很相似，而且制作方法也很简单，熟悉 Excel 图表功能的读者应该很快就能掌握。

每个人学习 Power BI 的目的不同，学习的侧重点也会不同。但是无论怎样，本书中的数据处理、DAX 函数和可视化是 Power BI 的核心知识点，一定要掌握扎实。

3．Power BI 使用中的常见问题和错误

新手由于还不熟悉 Power BI 的操作规范和操作要求，在使用过程中难免会遇到各种各样的问题。这里总结了一些常见的问题和易犯的错误，帮助大家少走弯路。

（1）连接数据出错

在 Power BI 中连接数据的方法不止一种，当通过"文件 > 导入 >Power Query、Power Pivot、Power View"的方式导入 Excel 工作簿时，可能会出现如下图所示的迁移失败的情况。

其实上图中的信息已经说明了迁移失败的原因，即所选 Excel 工作簿中不包含要导入的任何查询或模型，也就是说，要连接的 Excel 工作簿中只含有简单的数据，Power BI 无法直接使用。解决的办法是先在 Excel 中使用 Power Pivot 插件将要导入的 Excel 工作簿数据转换为数据模型。具体操作将在 2.1.1 小节中详细介绍。

（2）建立的数据关系不能激活

在手动建立数据关系时，可能会发现某些表之间的关系不能激活。如下图所示，在"产品销售数据表"和"品牌"之间建立数据关系后，勾选关系前的复选框时却弹出"关系激活"对话框，说明了两个表之间无法创建直接可用的关系，以及无法创建的原因和解决办法。

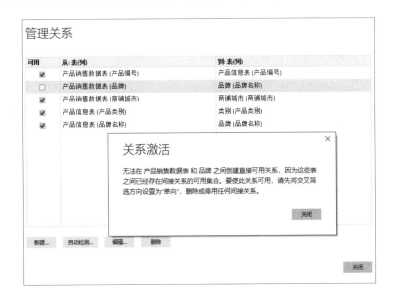

具体原因是两个表之间最多只能拥有一个直接关系或间接关系，而"产品销售数据表"和"品牌"两个表已经通过"产品信息表"建立了间接关系，所以，当为这两个表建立直接关系时，该关系不能激活。

要想激活该关系，只能取消"产品信息表"和"品牌"之间的关系，或者取消"产品信息表"和"产品销售数据表"之间的关系。如下图所示，取消了"产品信息表"和"品牌"之间的关系，勾选"产品销售数据表"和"品牌"关系前的复选框，就可以激活该关系了。

（3）DAX 公式书写错误

在公式编辑栏中使用 DAX 公式新建度量值、列或表时，可能会出现很多红色的波浪线，表示公式中存在错误，如下图所示。

```
1  日期表 = ADDCOLUMNS
2  CALENDAR (
3  DATE(2018,1,1),DATE(2019,12,31)),
4  "年度",YEAR([Date]),
5  "月份",FORMAT([Date],"MM"),
6  "年月",FORMAT([Date],"YYYY/MM"),
7  "季度","Q"&FORMAT([Date],"Q"),
8  "年份季度",FORMAT([Date],"YYYY")&"/Q"&FORMAT([Date],"Q"))
```

如果 DAX 函数无误，那么原因不外乎以下几种：

- 函数的括号不成对；
- 引用表的单引号不成对；
- 函数的各个参数之间缺少分隔逗号；
- 括号、单引号和逗号没有在英文状态下输入。

在公式中仔细核查可能会出现问题的地方，改正发现的错误，最终得到正确的公式，如下图所示。

```
1  日期表 = ADDCOLUMNS(
2  CALENDAR(
3  DATE(2018,1,1),DATE(2019,12,31)),
4  "年度",YEAR([Date]),
5  "月份",FORMAT([Date],"MM"),
6  "年月",FORMAT([Date],"YYYY/MM"),
7  "季度","Q"&FORMAT([Date],"Q"),
8  "年份季度",FORMAT([Date],"YYYY")&"/Q"&FORMAT([Date],"Q"))
```

这个问题算是相对容易解决的，一般会出现在刚开始学习 DAX 公式的时候。能够熟练运用 DAX 公式的人，基本上都不会遇到这种问题；就算偶尔犯错，也能够根据公式编辑栏中的提示快速定位错误并及时改正。本书建议在学习 DAX 公式时，应尽量自己动手输入公式，以尽快熟悉公式的编写规则。

（4）DAX 函数参数使用错误

使用 DAX 公式创建度量值或列时，很容易出现函数的参数使用错误。例如：有的函数的参数只能为列，但是却使用了表作为参数；有的函数应该引用表作为参数，却引用了列或值作为参数。因此，在学习 DAX 函数时要注意不同函数对参数的要求。另外，还需要注意的是，时间智能函数的日期列参数一定要使用日期表中的日期列，而不能使用事实表中的日期列。

（5）返回表的函数和返回值的函数使用混乱

DAX 函数的使用方式也很容易出错。有些函数返回的是值，有些函数返回的是表，如果将返回为表的函数用于新建度量值，那么肯定会出错。

例如，FILTER 函数返回的是表，而度量值需要返回的是一个值，所以 FILTER 函数不能单独用于建立度量值，但是该函数可以作为其他函数的参数来建立度量值。而 CALCULATE 函数返回的是一个值，不能用于新建表，不过如果确实要建立一个只有一个值的表，可以在公式的表达式外层套一对大括号 {}。

由于篇幅有限及侧重点不同，这里只简单介绍 DAX 公式使用中的几个常见问题，对于 DAX 函数的类型、参数及公式的编辑规则等具体内容，将在第 5～7 章详细讲解。

　　当然，本书不可能涵盖 Power BI 学习过程中的所有问题。其实遇到问题并不可怕，可怕的是遇到问题就选择退缩和放弃。只要你积极主动地面对问题，勤于思考，虚心请教，最终就一定能够解决问题。

　　也许还有很多人想问，学习 Power BI 有没有捷径可走呢？俗话说："欲速则不达。"快速提升的秘籍是没有的，但下面的一些建议可能会有点帮助。对于 Power BI 这种实用性很强的数据分析工具而言，不建议一开始就学习 DAX 语言，因为如果不使用 DAX 语言去建立度量值、列或表，即使学了也难以真正掌握。而且大部分人学习 Power BI 并不是为了成为专家，而是为了解决实际工作问题。所以建议先熟悉 Power BI 的概念和操作，如了解数据的获取和处理方法，能够建立数据关系，对常用的 DAX 函数有一个大概的认识，掌握数据可视化呈现的方法等。

　　大家要记住的一点是，Power BI 的定位之一是"自助式"的数据分析工具，这就意味着它的学习门槛和学习难度不会很高。只要你认真阅读本书，然后在工作中多加操练，掌握 Power BI 就不是一件难事。

1.4　Power BI Desktop 的安装和介绍

　　之前讲过，Power BI 由 Power BI Desktop、Power BI 服务和 Power BI 移动版三个部分组成。其中的 Power BI Desktop 是我们分析数据和制作报表的主要工具，下面就来讲解如何安装 Power BI Desktop。首先需要了解以下安装要求：

　　• 支持的操作系统版本有 Windows 10、Windows 8.1、Windows 8、Windows 7、Windows Server 2008 R2、Windows Server 2012 和 Windows Server 2012 R2；

　　• 同时支持 32 位（x86）和 64 位（x64）架构的 Windows 操作系统；

　　• 操作系统中需要安装有 Internet Explorer 10 或更高版本的 Internet Explorer 浏览器。

　　由于 Power BI Desktop 的安装包按适用的 Windows 操作系统类型分为了 32 位（x86）和 64 位（x64）两个文件，所以在下载安装包之前，需要查看正在使用的操作系统类型是 32 位（x86）还是 64 位（x64）。

　　打开"控制面板"窗口，❶依次单击"系统和安全 > 系统"，❷即可看到当前计算机的操作系统信息，如下图所示，当前操作系统为 64 位的 Windows 10，可以安装 Power BI Desktop。

打开浏览器，❶在地址栏中输入下载程序安装包的网址 "https://www.microsoft.com/zh-cn/download/details.aspx?id=45331"，按【Enter】键，在打开的网页中可看到该程序的一些安装说明，如程序的安装详情、安装的系统要求等。❷选择语言版本，如 "中文（简体）"，❸单击 "下载" 按钮，如下图所示。

在新的网页中勾选要下载的安装包。如果操作系统为 32 位，则勾选 "PBIDesktop.msi" 复选框；如果操作系统为 64 位，则勾选 "PBIDesktop_x64.msi" 复选框。由于当前操作系统为 64 位，❶勾选 "PBIDesktop_x64.msi" 复选框，❷单击 "Next" 按钮，如下图所示。

完成安装包的下载后，双击下载的安装包，打开安装程序窗口后，并不会立即开始安装，还需要做一些安装前的设置工作。❶单击"下一步"按钮，如下左图所示。阅读软件许可条款，如果接受，❷则勾选"我接受许可协议中的条款"复选框，❸然后单击"下一步"按钮，如下右图所示。

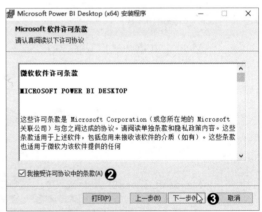

在窗口中可看到应用程序的默认安装位置，如果对安装位置不满意，可单击"更改"按钮，在打开的窗口中进行更改，或者直接在文本框中输入安装位置。❶设置好安装位置，❷单击"下一步"按钮，如下左图所示。❸在窗口中可看到"已准备好安装 Microsoft Power BI Desktop（x64）"的信息，❹"创建桌面快捷键"复选框默认勾选，如果不需要创建桌面快捷方式，取消勾选即可，❺单击"安装"按钮，如下右图所示。

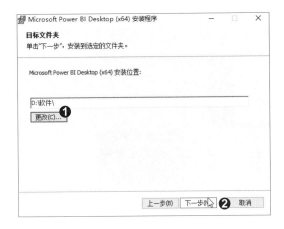
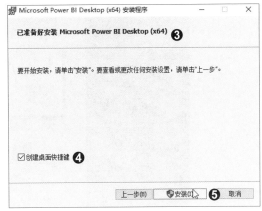

此时可看到程序安装的进度条，如下左图所示。等待一段时间后，程序安装完成。如果要立即启动安装好的程序，则在窗口中保持"启动 Microsoft Power BI Desktop"复选框的勾选状态，单击"完成"按钮，如下右图所示。如果不需要立即启动，则取消勾选复选框。

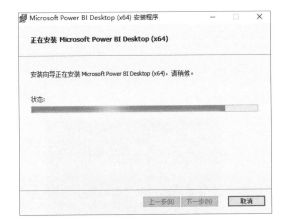

如果要使用 Power BI Desktop 的所有功能，并共享制作好的报表，还需要在浏览器中打开网址"https://app.powerbi.com/signupredirect?pbi_source=web"，使用一个工作或学校的电子邮箱注册 Power BI 账户。注册账户的方法比较简单，这里不作介绍。

启动 Power BI Desktop 并登录账户后，会出现如下图所示的欢迎界面。用户可在欢迎界面中获取数据、打开报表、浏览教学视频等。如果想要在下次启动 Power BI Desktop 时不再打开欢迎界面，可在欢迎界面的底部取消勾选"在启动时显示此屏幕"复选框。

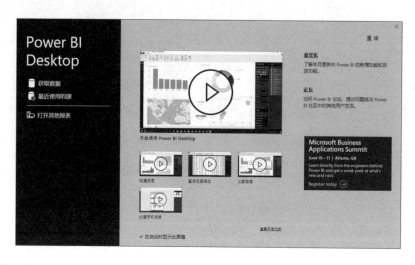

关闭欢迎界面，可进入如下图所示的 Power BI Desktop 主界面。主界面非常简洁，分布着制作报表常用的多个面板，各个面板的名称和功能如下表所示。

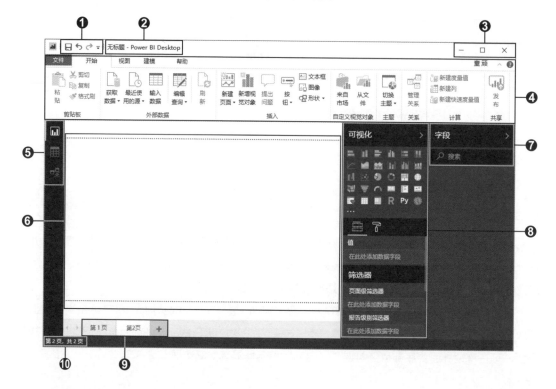

序号	名称	功能
❶	快速访问工具栏	存放最常用的按钮，如"保存""撤销"等
❷	标题栏	显示当前报表的名称
❸	窗口控制按钮	可对当前窗口进行最大化、最小化和关闭操作
❹	功能区	以选项卡和组的形式分类组织功能按钮，便于用户快速找到所需功能
❺	视图按钮	用于切换视图，包括报表、数据、模型三个视图
❻	画布	可在其中创建和排列视觉对象
❼	"字段"窗格	显示导入的数据源的表名和列名，可在其中将查询元素和筛选器拖到报表视图或"可视化"窗格下的筛选器中
❽	"可视化"窗格	可以在其中更改视觉对象、自定义颜色或轴、应用筛选器及拖动字段等
❾	页面选项卡	用于选择或添加报表页
❿	状态栏	用于显示当前文件的页面信息

主界面左侧自上而下排列的三个视图按钮用于切换视图，在不同的视图下可进行不同的操作。三种视图的具体功能如下表所示。

图标	视图名称	视图功能
📊	报表视图	可使用创建和导入的表来构建具有吸引力的视觉对象，并按照期望的方式排列。报表可包含多个页面，并可与他人共享
▦	数据视图	以数据模型格式查看报表中的数据，在其中可添加度量值、创建新列和管理关系
🗃	模型视图	以图形方式显示已在数据模型中建立的关系，并可根据需要管理和修改关系

在使用 Power BI Desktop 的过程中，如果遇到不了解的功能和操作，可在 Power BI Desktop 主界面中的"帮助"选项卡下单击"支持"按钮，如下图所示。

　　此时会打开浏览器并显示如下图所示的支持网页。在搜索框中输入要查看的内容关键词，单击"搜索支持"按钮，即可搜索出与关键词相关的内容链接，单击要查看的内容链接，在新的网页中可看到该链接的具体内容。

第 2 章

数据分析必经之路
——Power BI 报表制作全流程

本章将完整地介绍在 Power BI 中制作报表的流程，从数据获取开始，到数据整理、数据建模及数据可视化，再到最后的报表发布，带领大家快速了解 Power BI 的工作过程、基本功能和使用方法，为后续的学习打好基础。

2.1　连接数据源：迈出 Power BI 的第一步

在 Power BI Desktop 中，连接数据源的方法不止一种，可以连接的数据类型也多种多样。本节主要介绍两种常用的数据连接方法：通过导入的方式连接 Excel 工作簿数据；通过获取数据的方式连接文件和网页数据。

2.1.1　导入 Excel 工作簿：最佳的数据搭档

在 Power BI Desktop 中可以轻松导入 Excel 工作簿数据，从而将 Excel 工作簿转换为 Power BI Desktop 文件（.pbix）。通过这种方法创建的 Power BI Desktop 文件将与原始 Excel 工作簿毫无关联，修改 Power BI Desktop 文件不会影响原始 Excel 工作簿的内容。

启动 Power BI Desktop，❶单击"文件"按钮，❷在打开的视图菜单中单击"导入"命令，❸在级联列表中单击"Power Query、Power Pivot、Power View"命令，如下左图所示。

在打开的对话框中选择要导入的 Excel 工作簿，随后在"导入 Excel 工作簿内容"对话框中单击"启动"按钮，如下右图所示。

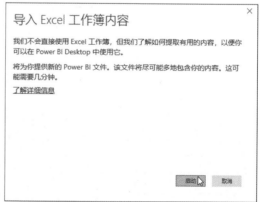

等待一段时间后，出现"迁移失败"的报错内容，如下左图所示。这是因为 Excel 工作簿中只含有简单的数据，Power BI 无法直接利用。此时需要先在 Excel 中使用 Power Pivot 插件将要导入的 Excel 工作簿数据转换为数据模型。

启动 Excel，如果 Power Pivot 插件没有显示在功能区，则单击"文件 > 选项"命令，打开"Excel 选项"对话框，切换至"加载项"选项卡，在右侧的"管理"下拉列表框中选择"COM 加载项"，单击"转到"按钮。然后在打开的"COM 加载项"对话框中勾选"Microsoft Power Pivot for Excel"复选框，如下右图所示，单击"确定"按钮，将 Power Pivot 插件加载到 Excel 中。

如果通过以上方法加载后，Power Pivot 插件还是没有显示在 Excel 的功能区，❶则需要打开"Excel 选项"对话框，切换至"自定义功能区"选项卡，❷在右侧的界面中勾选"Power Pivot"复选框，如下图所示，单击"确定"按钮后，功能区中就会显示该插件的选项卡。

随后打开要导入的 Excel 工作簿，❶选中工作表中的任意数据，❷切换至"Power Pivot"选项卡，❸单击"添加到数据模型"按钮，在打开的"创建表"对话框中保持默认的表数据及勾选的复选框，❹单击"确定"按钮，如下图所示。

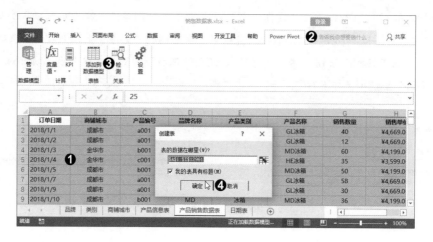

此时会打开 Power Pivot for Excel 窗口，在该窗口中可看到将数据添加到数据模型中的效果，应用相同的方法将其他工作表中的数据添加到数据模型中，更改数据模型中的工作表名称，以便区分各个工作表中的数据内容，如下图所示。完成后，另存 Excel 工作簿并关闭窗口。

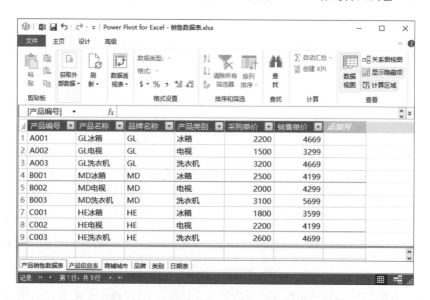

在 Power BI Desktop 中再次执行"文件 > 导入 > Power Query、Power Pivot、Power View"命令，在打开的对话框中选择包含数据模型的 Excel 工作簿，在打开的"导入 Excel 工作簿内容"对话框中单击"启动"按钮，等待一段时间后，❶对话框中会显示"迁移已完成"，表示已将添

加到数据模型中的工作表都导入到了 Power BI Desktop 中，❷单击"关闭"按钮，如下左图所示。需注意的是，如果添加为数据模型的工作表中含有错误数据，在该对话框中会显示不能导入的工作表及不能导入的原因。返回 Power BI Desktop 窗口，在窗口右侧的"字段"窗格中可看到导入的数据表，如下右图所示。随后保存导入了数据的 Power BI Desktop 文件。

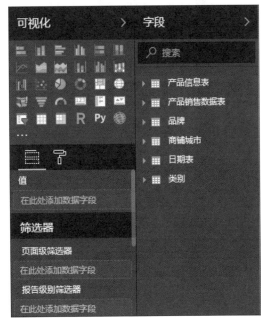

2.1.2　获取数据: 突破数据来源的限制

上小节中所讲的数据连接方法只适合包含 Power Pivot 数据模型的 Excel 工作簿，如果想要导入没有数据模型的 Excel 工作簿或其他类型的数据源，如文本、数据库、网页等数据源，可以通过获取数据的方法来实现。

通过获取数据方式连接的数据可以直接加载使用，也可以在 Power Query 编辑器中进行整理。而且当本地文件中的数据有更新时，Power BI Desktop 可以通过刷新数据实现报表的同步更新。

启动 Power BI Desktop，❶在"开始"选项卡下单击"获取数据"下三角按钮，❷在展开的列表中单击"更多"选项，如下左图所示。打开"获取数据"对话框，❸对话框中列出了可以连接的多种数据源类型，如下右图所示。

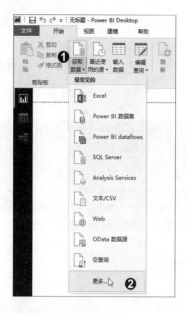

1．连接文件数据

如果要连接未转换为数据模型的 Excel 工作簿数据，❶可在"获取数据"对话框的左侧选择"文件"类型，❷在右侧双击"Excel"数据类型，如下图所示。

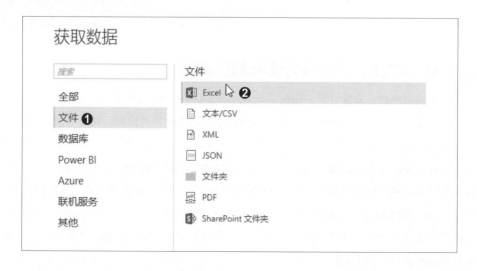

在打开的对话框中选择要连接的 Excel 工作簿后，Power BI Desktop 会加载工作簿并读取内容，然后在"导航器"对话框的左侧显示工作簿中的工作表名称列表。❶勾选工作表名称左侧的复选框，如勾选"产品销售数据表"复选框，❷在右侧界面可以预览该工作表中的数据，❸单击"加载"按钮，如下图所示。

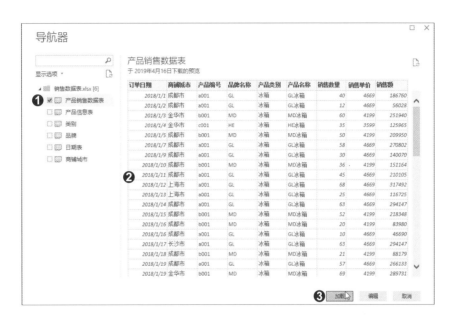

所选工作表数据加载完毕后，在 Power BI Desktop 窗口右侧的"字段"窗格中将显示导入的表及表中的列，如右图所示。通过此种方法导入的数据会随着 Excel 工作簿数据的更改而变化，如果 Excel 工作簿的位置发生了改变，导入到 Power BI Desktop 中的数据也会发生相应的改变。

2．从网页获取数据

Power BI Desktop 还可以获取网页中的表格化数据。在浏览器中打开要获取数据的网页（http://www.stats.gov.cn/tjsj/tjgb/rdpcgb/qgkjjftrtjgb/201810/t20181012_1627451.html），❶可以看到该网页中的数据以表格的形式呈现，❷在浏览器的地址栏中选中当前网址，如下图所示，按【Ctrl+C】组合键，将网址复制到剪贴板。

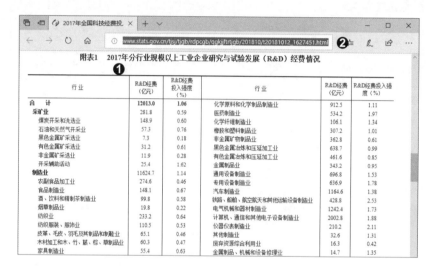

启动 Power BI Desktop，❶打开"获取数据"对话框，在左侧选择"其他"类型，❷在右侧选择"Web"数据类型，❸单击"连接"按钮，如下左图所示。

打开"从 Web"对话框，❶在"URL"文本框中按【Ctrl+V】组合键，粘贴之前复制的网址，❷单击"确定"按钮，如下右图所示。

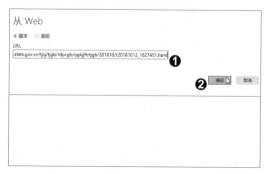

在打开的"导航器"对话框中会显示网页中可获取的数据表的列表，在左侧勾选任意表名称复选框可以预览其数据。❶此处勾选"Table1"表前的复选框，❷单击"加载"按钮，如下图所示。

等待一段时间，完成数据的加载，即可在 Power BI Desktop 窗口右侧的"字段"窗格中看到该表中的可用列，如下图所示。

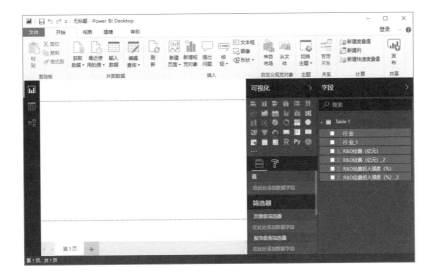

3．通过提供示例智能采集网页数据

有时网页上的数据不是常见的表格形式，而是有其独特的组织形式，此时可通过 Power BI Desktop 提供的使用示例添加表功能来采集网页数据。下面以采集"互动出版网"中关于"商业智能"的图书的名称、价格、作者等数据为例进行讲解。

在浏览器中打开"互动出版网"，网址为 www.china-pub.com。在搜索框中输入"商业智能"并搜索，可看到搜索结果页面中每本图书的数据不是以表格形式呈现的，如下图所示。在浏览器的地址栏中选中当前网址，按【Ctrl+C】组合键，将网址复制到剪贴板。

在 Power BI Desktop 中打开"获取数据"对话框，选择"Web"数据类型，将复制的网址粘贴到"从 Web"对话框的"URL"文本框中，单击"确定"按钮，打开"导航器"对话框，❶可看到在网址对应的网页中未检测到可直接导入的表数据，❷因此单击左下角的"使用示例添加表"按钮，如右图所示。

打开"从 Web"对话框，❶在预览区滚动网页，显示出要采集的第 1 本书的信息，❷在下方"列 1"的第 1 个单元格中输入第 1 本书的书名关键词"商业智能与云"，在弹出的列表中可看到相关的数据内容，❸双击第 1 条数据作为采集对象，如下左图所示。

单击"列 1"右侧列的任意单元格，可增加一列空白列，并自动在第 1 列中显示网页中所有图书的书名数据，❶应用相同的方法采集图书的定价、VIP 价及作者数据，❷完成后单击"确定"按钮，如下右图所示。

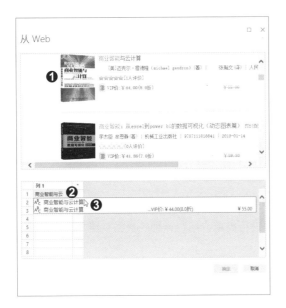

返回"导航器"对话框，❶单击"自定义表 [1]"下的网址，❷可看到"表视图"中显示了采集到的数据，如果确认数据表没有问题，❸可单击"加载"按钮，如下图所示。等待一段时间后，完成数据的加载，即可在 Power BI Desktop 窗口右侧的"字段"窗格中看到导入的网页数据。

2.2　整理数据：修正数据中的明显错误

在 Power BI Desktop 中完成数据的连接后，往往还要按照数据分析的需求整理连接的数据。本节以 2.1.1 小节中导入的数据表为例，对数据整理进行简单介绍，详细的数据整理方法将在第 3 章讲解。

在 Power BI Desktop 窗口的"开始"选项卡下单击"编辑查询"按钮，如下图所示。进入 Power Query 编辑器后，就可以整理连接的数据，如更改数据类型、重命名列、更改字母的大小写等。

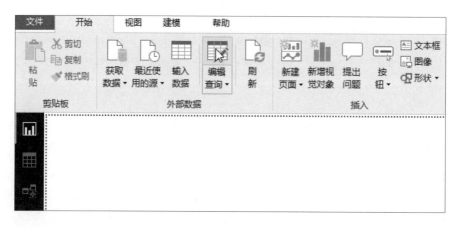

　　Power Query 编辑器窗口上方的功能区包含"开始""转换""添加列"等选项卡，各选项卡又包含多个功能按钮。❶窗口左侧的"查询"窗格中列出了加载至 Power BI Desktop 的 6 个表，在数据编辑区域显示了在"查询"窗格中选中的"产品销售数据表"的内容，表中产品编号的首字母为小写，与其他表中的产品编号不一致，需要对其进行更改。❷选中"产品编号"列，❸切换至"转换"选项卡，❹单击"格式"按钮，❺在展开的列表中单击"每个字词首字母大写"选项，如下图所示。

　　如果还要调整表中的数据，如调整数据类型，❶可在数据编辑区域中右击要更改类型的列的列名，如"订单日期"，❷在弹出的快捷菜单中单击"更改类型 > 日期"命令，如右图所示，即可将"订单日期"列的数据类型更改为"日期"。

　　除此之外，也可以在选中"订单日期"列后，在"开始"选项卡下单击"数据类型"按钮，在展开的列表中选择要更改为的数据类型。

继续对表中的数据进行整理，❶分别双击"品牌名称"列和"产品类别"列的列名，修改列名为"品牌"和"类别"，完成列的重命名操作。❷此时可在"查询设置"窗格下的"应用的步骤"列表框中看到上述数据整理的每个更改操作，如果要撤销某个更改操作，单击该操作前的"删除"按钮即可。最后，为了保存数据整理的结果，❸还需要在"开始"选项卡下单击"关闭并应用"按钮，如下图所示。

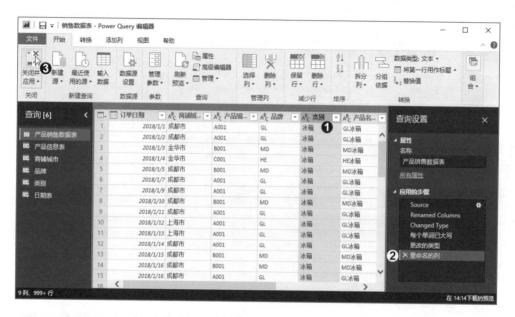

2.3　数据建模：厘清数据的内在联系

在 Power BI 中，可以分析多种来源的多个表中的数据，但前提是要在这些数据表之间建立关系，这个建立关系的过程就是数据建模。

下面以上一节中数据整理后的表为例，简单介绍 Power BI Desktop 中的数据建模操作。数据建模过程中涉及的难点，如度量值、列、表、DAX 语言等，将在第 5 ～ 6 章详细讲解。

在 Power BI Desktop 中，如果想要快速创建数据关系，可使用自动检测功能根据列的名称自动推断出表之间的关系，但该功能并不一定能找出所有的数据关系，因此，有时还需要手动建立关系。

在 Power Query 编辑器中完成数据整理后，返回 Power BI Desktop 窗口，❶切换至模型视图，❷可看到导入的多个表，此时这些表之间还未建立关系，表之间不存在连接符号，❸在"开始"选项卡下单击"管理关系"按钮，如下图所示，开始在表之间建立关系。

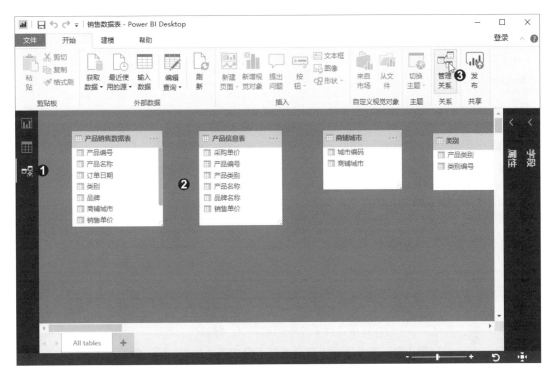

由于表之间还未建立关系，❶所以在打开的"管理关系"对话框中可看到"尚未定义任何关系"的字样，❷单击"自动检测"按钮，❸在打开的"自动检测"对话框中可看到自动检测到 4 个新关系，❹单击"关闭"按钮，关闭"自动检测"对话框，如右图所示。

❶此时在"管理关系"对话框中可看到 4 个关系中的从表、到表及相互关联的列，如第一个关系中的从表是"产品销售数据表"，到表是"产品信息表"，关联两个表的列为"产品编号"。为了便于在 Power BI Desktop 中进行数据可视化分析，还需要关联"产品销售数据表"和"日期表"，但自动检测功能没有为这两个表建立关系，此时就需要手动建立关系，❷单击"新建"按钮，如下图所示。

在打开的"创建关系"对话框中选择要关联的表和列，❶如在上方选择"产品销售数据表"，❷选择"订单日期"列，❸在下方选择"日期表"，❹选择"日期"列，❺设置"基数"及"交叉筛选器方向"，这两个选项定义了新关系的类型。在建立关系时，Power BI Desktop 默认会自动配置新关系的基数、交叉筛选器方向和活动属性，但必要时可进行更改。❻设置完毕后，单击"确定"按钮，如下图所示。随后在"管理关系"对话框中可看到手动建立的表关系，如果关系无误，可关闭"管理关系"对话框。

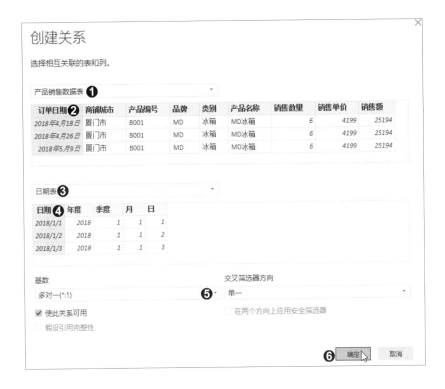

上图中的"基数"选项主要有多对一（N:1）、一对多（1:N）、一对一（1:1）三种，此外，还有一种存在但不可用的关系。各个关系的具体含义见下表。

基数关系	含义
多对一（N:1）	多对一是最常见的默认类型。它意味着一个表中的列可具有一个值的多个实例，而另一个相关表（常称为查找表）仅具有一个值的一个实例。例如，表 A 和表 B 之间的基数关系是 N:1，那么表 B 是表 A 的查找表，表 A 称为引用表。在查找表中，查找列的值是唯一的，不允许存在重复值；而在引用表中，查找列的值不唯一
一对多（1:N）	一对多是多对一的反向。例如，表 A 和表 B 之间的基数关系是 1:N，那么表 A 是表 B 的查找表，表 B 称为引用表。在查找表中，查找列的值是唯一的，不允许存在重复值；而在引用表中，查找列的值不唯一

续表

基数关系	含义
一对一（1:1）	一个表中的列仅具有特定值的一个实例，而另一个相关表也是如此
其他	除了以上几种关系，Power BI Desktop 中还存在一种配置为虚线的表示此关系不可用的关系

完成表之间关系的建立后，为了让多个表的关系结构更加明晰，可在模型视图中调整代表各个表的数据块的位置。例如，将"产品销售数据表"和"产品信息表"放在最中间，将"日期表"和"商铺城市"放在"产品销售数据表"的左侧，将"类别"和"品牌"放在"产品信息表"的右侧。还可以调整数据块的大小，以显示表中的全部列。调整结果如下图所示。

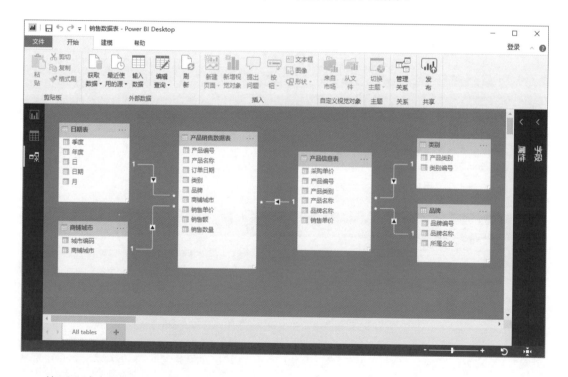

检测和建立关系后，有关系的表之间会有一条关系线，在关系线上有一个方向符号，该符号代表交叉筛选器方向，表示数据筛选的流向。交叉筛选器方向主要有双向和单一两种类型。当两个表之间的交叉筛选器方向设置为双向时，表示两个表可以相互筛选。如果交叉筛选器方向为单一，方向符号是由查找表指向引用表的，这时只能实现查找表对引用表进行筛选，意思是说：当对查找表中的数据进行筛选时，也会筛选引用表中的数据；但是当对引用表中的数据进行筛选时，却不能筛选查找表中的数据。在本案例中，多个表之间的交叉筛选器方向都为单一。

除了使用上述方法建立关系，还可以在模型视图下，直接在代表表的数据块之间拖放想要用于建立关系的列。不过以拖放方式建立的关系可能会不满足实际的工作要求，此时就需要在"管理关系"对话框中进一步编辑关系。

2.4　可视化：酷炫的数据表达方式

要想在 Power BI Desktop 中进行数据分析，对导入的数据表进行可视化是必不可少的一步。简单来说，数据可视化就是以图形来直观地呈现数据，它能够帮助我们快速理解数据背后的关系和趋势。在 Power BI Desktop 中，数据可视化主要是通过制作视觉对象来完成的。

下面以上一节中建立了数据模型的表为例，简单介绍在 Power BI Desktop 中制作视觉对象的流程。更详细的内容将在第 7 章讲解。

❶在"可视化"窗格中单击要制作的视觉对象，如"分区图"，❷在"字段"窗格中勾选要以可视化方式呈现的元素，如"产品销售数据表"中的"订单日期"和"销售额"列，❸勾选的元素会自动添加到"可视化"窗格的"字段"选项卡下，其中"订单日期"自动放置于"轴"中，"销售额"放置于"值"中，如右图所示。如果对自动放置的元素位置不满意，还可以直接拖动元素进行调整。

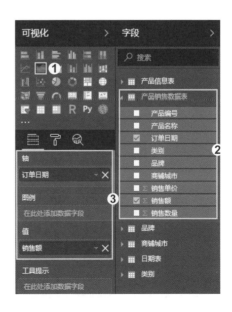

如果还需要进一步美化视觉对象，❶可切换至"可视化"窗格的"格式"选项卡，❷设置视觉对象的 X 轴、Y 轴、数据颜色、数据标签、标题等元素的格式，如右图所示。

继续制作其他视觉对象。❶在"可视化"窗格中单击"切片器"视觉对象，❷在"字段"窗格的"日期表"中勾选"年度"列。为了让插入的切片器以水平方向显示，在画布中单击切片器右上角的"选择切片器类型"按钮，在展开的列表中选择"列表"，❸然后在"可视化"窗格的"格式"选项卡下展开"常规"选项组，❹设置切片器的"方向"为"水平"，如下左图所示。应用相同的方法制作"月"切片器。❺单击"多行卡"视觉对象，❻在"字段"窗格中勾选需要可视化的元素，❼设置多行卡的格式，如下右图所示。

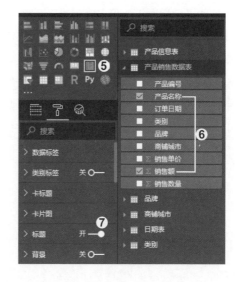

虽然不同的视觉对象含有不同的元素，格式的设置内容也有差别，但万变不离其宗，只要掌握了一种视觉对象的制作方法和格式设置，其他视觉对象的制作都不是问题。

调整画布中各个视觉对象的位置和大小。将制作的"年度"和"月"切片器放置在画布的最上方，并根据大多数人的阅读习惯，将"年度"切片器放置在"月"切片器的前方；将制作的分区图放置在切片器下方，这样在切片器中筛选年度和月时，分区图中就会显示相应时间段的销售额趋势；最后将制作的多行卡放置在画布的最右侧，这样就可以在一个画布中同时查看销售额趋势及多个产品的销售额数据。最终效果如下图所示。

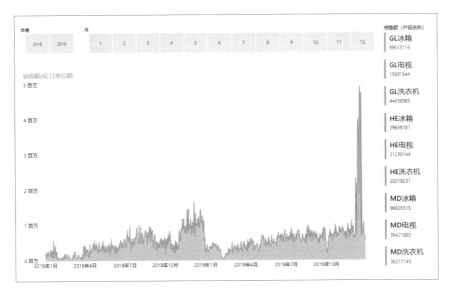

如果只想查看 2019 年的数据可视化效果，可在"年度"切片器中单击选中"2019"，分区图和多行卡中的数据可视化效果就会随着年度的筛选而变化，如下图所示。如果要继续查看 2019年某月的数据可视化效果，可在"月"切片器中单击选中该月。如果要返回筛选前的效果，单击已选中的年度和月，即可取消筛选。

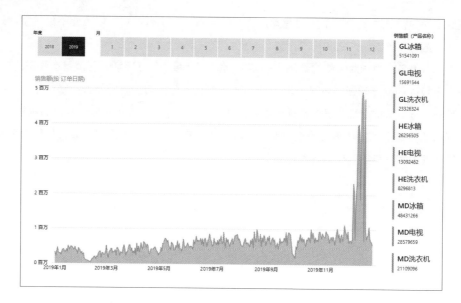

通过上述操作，一份外观精美的交互式数据报表就制作完成了。

2.5　报表发布：与他人共享数据

完成报表的制作后，为了让领导和同事也能查看报表并使用报表来分析数据，同时也便于自己随时随地管理和维护报表，可将报表发布到 Power BI 服务中。在 Power BI Desktop 窗口的"开始"选项卡下单击"发布"按钮，如下图所示。

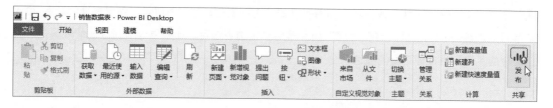

如果此时还没有登录 Power BI 账户，则会弹出"登录"对话框，❶输入 Power BI 账户的注册邮箱，❷单击"登录"按钮，如下左图所示。❸在随后弹出的对话框中输入账户密码，❹单击"登录"按钮，如下右图所示。

登录 Power BI 账户后，再次单击"发布"按钮，打开"发布到 Power BI"对话框，❶选择一个目标位置，如"我的工作区"，❷单击"选择"按钮，如下左图所示。

等待一段时间后，如果对话框中出现"成功"字样，则说明报表已被成功发布到 Power BI 服务中。如果要进入 Power BI 服务界面查看报表的发布情况，可在对话框中单击报表发布后的链接，如下右图所示。

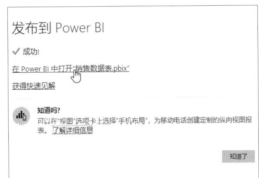

随后自动打开浏览器并进入 Power BI 服务界面。❶在左侧单击"我的工作区"选项，❷在右侧切换至"报表"选项卡，即可看到发布到 Power BI 服务中的"销售数据表"，还可在该界面中对发布的报表执行设置和删除等操作，❸如果要查看报表的具体内容，则直接单击报表名称，如下图所示。

单击报表名称后，即可看到报表内容，如下图所示。此时同样可以使用切片器筛选数据，并对报表进行编辑等操作。

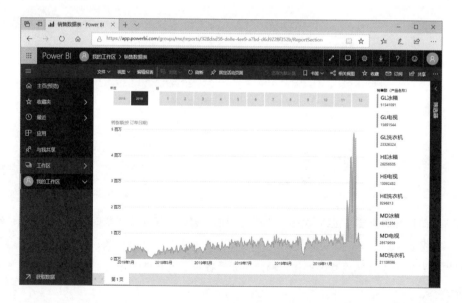

第 3 章

整理不规范的数据
——Power Query 基本操作

在 Power BI Desktop 中导入或获取的数据由于来源广泛，往往存在多种规范性问题，需要经过整理才能用于数据分析。数据整理看似简单却很费时，而 Power Query 编辑器可以帮助我们又快又准地完成整理工作，留下更多时间去分析数据。本章就来讲解 Power Query 编辑器中常用的数据整理工具。

3.1　知己知彼：初识 Power Query 编辑器

　　本节先来介绍 Power Query 编辑器的界面。在 Power BI Desktop 的"开始"选项卡下单击 "编辑查询"按钮，即可打开 Power Query 编辑器。下图所示为打开"销售数据表 .pbix"文件的 Power Query 编辑器界面。

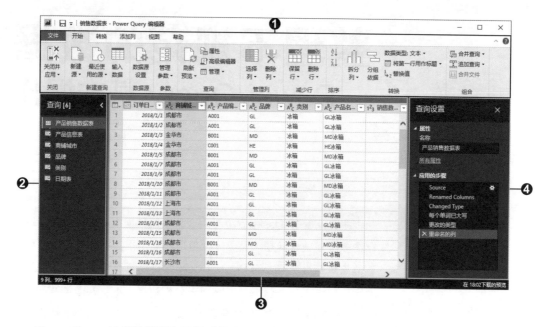

　　Power Query 编辑器界面主要组成部分的名称和功能如下表所示。

序号	名称	功能
❶	功能区	以选项卡和组的形式分类组织功能按钮，便于用户快速找到所需功能
❷	"查询"窗格	列出了加载至 Power BI Desktop 的所有查询表的名称，并显示表的总数
❸	数据编辑区	显示"查询"窗格中选中的表数据，在该区域中可以更改数据类型、替换值、拆分列等

续表

序号	名称	功能
❹	"查询设置"窗格	列出了查询的属性和应用的步骤，对窗口中的表或数据进行整理后，每个步骤都将出现在该窗格的"应用的步骤"列表中。在该列表中可以撤销或查看特定的步骤。右击列表中的某个步骤，可以对步骤执行重命名、删除、上移或下移等操作

3.2 稳扎稳打：数据的简单处理

了解了 Power Query 编辑器的界面后，就可以开始进行数据的简单处理，如删除列、移动列、替换值等。

1．删除列

当数据表中存在无用的列时，可将其删除。方法很简单，进入 Power Query 编辑器，❶在"查询"窗格中选中要删除列的表，❷在数据编辑区右击要删除的列，如"城市编号"列，❸在弹出的快捷菜单中单击"删除"命令，如下图所示，即可将"城市编号"列删除。

也可以在"开始"选项卡下单击"删除列"下三角按钮，在展开的列表中单击"删除列"选项来删除列。如果要删除多列，可结合【Ctrl】键选中多列，再进行删除。

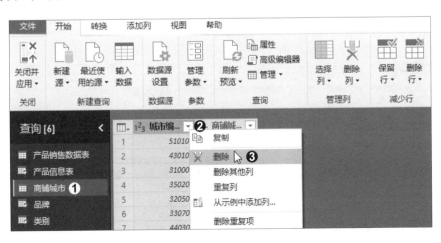

2．移动列

为便于查看常用列的数据信息，可以通过移动功能将某列向左、向右移动，或者直接移动至表的开头或末尾。

❶在数据编辑区选中要移动位置的列，❷切换至"转换"选项卡，❸单击"移动＞向右移动"选项，如下图所示，即可将选中列向右移动一列。如果要继续向右移动，使用相同的方法即可。此外，还可以直接拖动列，或在列上右击，在弹出的快捷菜单中选择需要的移动方式。

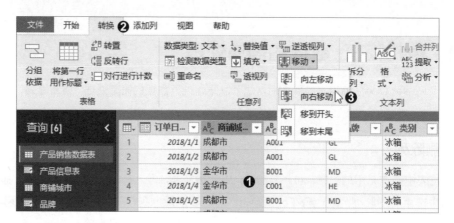

3．替换值

如果要快速替换数据表中的某个数据，如将"商铺城市"列中的"金华市"替换为"天津市"，❶可在数据编辑区选中"商铺城市"列，❷切换至"转换"选项卡，❸单击"替换值"按钮，如下图所示。

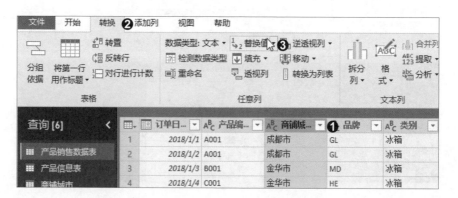

打开"替换值"对话框，❶设置好"要查找的值"和"替换为"的内容，❷单击"确定"按钮，如右图所示，即可将所选列中的"金华市"都替换为"天津市"。

该对话框中还有一些高级选项，如"单元格匹配"指的是必须满足整个单元格中的值为"金华市"，而不是单元格中的值包含"金华市"。

4. 替换错误

如果数据表中存在错误的数据，可在 Power Query 编辑器中将其替换为正确的数据。将 Excel 工作簿数据导入到 Power BI Desktop 中时，如果 Excel 工作簿中存在错误值，会弹出"加载"对话框，❶在该对话框中可以看到已加载的数据行数及错误的数据个数，❷单击"查看错误"按钮，如下图所示。

进入 Power Query 编辑器，错误数据会显示为"Error"，❶右击错误数据所在列的列名，❷在弹出的快捷菜单中单击"替换错误"命令，如下图所示。

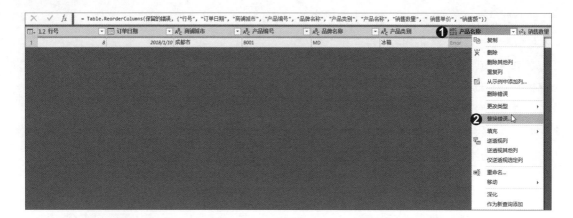

❶在"替换错误"对话框的"值"文本框中输入用于替换错误数据的值，此处应为"MD冰箱"，❷单击"确定"按钮，如右图所示，即可完成错误数据的替换。

5. 删除错误

如果包含错误的整行数据都是无用的，可以在 Power Query 编辑器中将整行数据删除。将 Excel 工作簿导入 Power BI Desktop 的过程中，若提示发现错误，可单击"查看错误"按钮，进入 Power Query 编辑器，❶右击错误数据所在列的列名，❷在弹出的快捷菜单中单击"删除错误"命令，如下图所示，即可将包含错误的整行数据删除。

6．删除空行

如果要删除数据表中含有空值的行，可使用 Power Query 编辑器快速完成。❶单击空值所在列的列名右侧的下三角按钮，如"产品名称"右侧的下三角按钮，❷在展开的列表中单击"删除空"选项，如下图所示，即可将"产品名称"为空值的整行数据删除。

7．删除重复项

当数据表中存在重复项时，可在 Power Query 编辑器中将其删除。❶在 Power Query 编辑器中结合【Ctrl】键选中包含重复值的列并右击，❷在弹出的快捷菜单中单击"删除重复项"命令，如下图所示，即可将重复的订单日期、商铺城市、产品编号、品牌名称、产品类别、产品名称行数据删除。

8. 保留行和删除行

如果只需要保留数据表中的部分数据，可通过保留行功能只保留最前面、最后面几行的数据，或者保留中间部分指定行数的数据。

进入 Power Query 编辑器，❶切换至要保留行的表，如"产品销售数据表"，❷在"开始"选项卡下单击"保留行"按钮，❸在展开的列表中单击"保留最前面几行"选项，如下图所示。

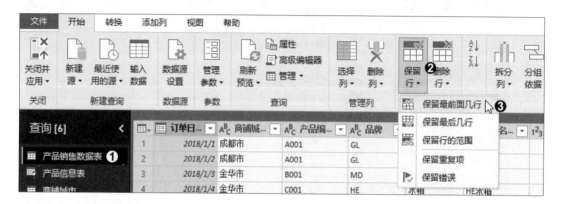

打开"保留最前面几行"对话框，❶在文本框中输入要保留的行数，如"20"，❷单击"确定"按钮，如右图所示，即可保留所选表中前 20 行的数据。

删除行的方法和保留行的方法类似，区别只在于一个是删除行数据，一个是保留行数据。下面以删除间隔行为例讲解具体操作。

进入 Power Query 编辑器，❶切换至要删除行的表，如"产品销售数据表"，❷在"开始"选项卡下单击"删除行"按钮，❸在展开的列表中单击"删除间隔行"选项，如下图所示。

打开"删除间隔行"对话框，❶分别输入"要删除的第一行""要删除的行数""要保留的行数"3个参数，❷单击"确定"按钮，如右图所示。

随后可看到在保留行操作后剩余的20行数据中，从第2行开始删除10行数据，并保留后面5行数据，所得的表中只有6行数据，效果如下图所示。

	订单日...	商铺城...	产品编...	品牌	类别	产品名...	销售数...	销售单...	销售额
1	2018/1/1	成都市	A001	GL	冰箱	GL冰箱	40	4669	186760
2	2018/1/14	成都市	A001	GL	冰箱	GL冰箱	63	4669	294147
3	2018/1/15	成都市	B001	MD	冰箱	MD冰箱	52	4199	218348
4	2018/1/16	成都市	B001	MD	冰箱	MD冰箱	20	4199	83980
5	2018/1/16	成都市	A001	GL	冰箱	GL冰箱	10	4669	46690
6	2018/1/17	长沙市	A001	GL	冰箱	GL冰箱	63	4669	294147

9. 排序列数据

假设要查看销售额最多的订单日期，可对"销售额"列进行升序排序。❶在 Power Query 编辑器中单击"销售额"列名右侧的下三角按钮，❷在展开的列表中单击"升序排序"选项，如下图所示，即可让整个表的数据按照该列数据升序的方式排列。

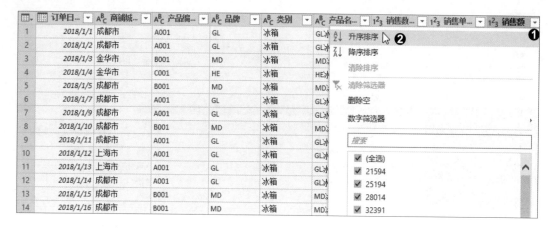

10．筛选列数据

如果只想查看数据表中满足某一条件的数据，如查看"类别"为"冰箱"的数据，可以使用 Power Query 编辑器的筛选功能来实现。

❶在 Power Query 编辑器中单击"类别"列名右侧的下三角按钮，❷在展开的列表中取消勾选"洗衣机"和"电视"复选框，只勾选"冰箱"复选框，❸单击"确定"按钮，如下图所示，即可筛选出"类别"为"冰箱"的行数据。

3.3 事半功倍：行列数据的转换

为了大幅度提高数据整理效率，在掌握 Power Query 编辑器的基本数据处理功能后，还需要学习 Power Query 编辑器中的行列转换工具。

1. 将第一行用作列名

虽然几乎所有格式的数据都可以导入 Power BI Desktop，但对于数据建模和数据可视化来说，最适用的还是列式数据。如果数据源中的数据不是列式的，可以使用 Power Query 编辑器中的"将第一行用作标题"功能将行数据提升为列名。

下图所示为 Excel 工作簿中的"产品销售数据表"，可看到该表的列名未位于第一行。

	A	B	C	D	E	F	G	H	I
1				产品销售数据表					
2								统计日期:	2018/1/1
3	订单日期	商铺城市	产品编号	品牌名称	产品类别	产品名称	销售数量	销售单价	销售额
4	2018/1/1	成都市	A001	GL	冰箱	GL冰箱	40	¥4,669.00	¥186,760.00
5	2018/1/2	成都市	A001	GL	冰箱	GL冰箱	12	¥4,669.00	¥56,028.00
6	2018/1/3	金华市	B001	MD	冰箱	MD冰箱	60	¥4,199.00	¥251,940.00
7	2018/1/4	金华市	C001	HE	冰箱	HE冰箱	35	¥3,599.00	¥125,965.00
8	2018/1/5	成都市	B001	MD	冰箱	MD冰箱	50	¥4,199.00	¥209,950.00
9	2018/1/7	成都市	A001	GL	冰箱	GL冰箱	58	¥4,669.00	¥270,802.00
10	2018/1/9	成都市	A001	GL	冰箱	GL冰箱	30	¥4,669.00	¥140,070.00
11	2018/1/10	成都市	B001	MD	冰箱	MD冰箱	36	¥4,199.00	¥151,164.00
12	2018/1/11	成都市	A001	GL	冰箱	GL冰箱	45	¥4,669.00	¥210,105.00
13	2018/1/12	上海市	A001	GL	冰箱	GL冰箱	68	¥4,669.00	¥317,492.00
14	2018/1/13	上海市	A001	GL	冰箱	GL冰箱	25	¥4,669.00	¥116,725.00
15	2018/1/14	成都市	A001	GL	冰箱	GL冰箱	63	¥4,669.00	¥294,147.00
16	2018/1/15	成都市	B001	MD	冰箱	MD冰箱	52	¥4,199.00	¥218,348.00
17	2018/1/16	成都市	B001	MD	冰箱	MD冰箱	20	¥4,199.00	¥83,980.00
18	2018/1/16	成都市	A001	GL	冰箱	GL冰箱	10	¥4,669.00	¥46,690.00

通过获取数据的方式将 Excel 工作簿数据连接到 Power BI Desktop，进入 Power Query 编辑器，❶可看到原表的列名内容没有正常显示在列名区域，而是作为普通的行数据位于第二行中，❷在"转换"选项卡下单击"将第一行用作标题"按钮，如下图所示，即可将数据编辑区的第一行数据向上提升至列名区域。继续单击"将第一行用作标题"按钮，直至含有列名内容的行数据提升为列名。

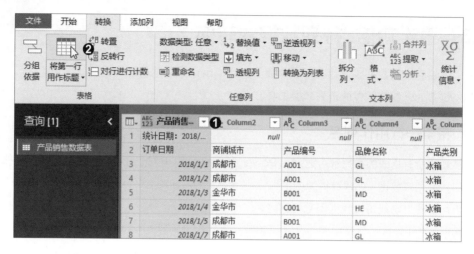

2．转置行列

当数据表中展示的行列效果不符合最优的查看方式或查看习惯时，可使用 Power Query 编辑器中的转置功能对行列进行翻转，即将列变为行，将行变为列，效果如下图所示。

	A	B	C	D	E	F	G	H	I	J	K
1	城市	冰箱	洗衣机	电视机	微波炉	电风扇	烤箱	空调	吸尘器	空气净化器	除湿机
2	北京	¥360,000	¥210,000	¥230,000	¥360,000	¥258,700	¥250,000	¥201,000	¥300,000	¥360,000	¥362,000
3	成都	¥250,000	¥254,000	¥250,000	¥245,000	¥547,000	¥630,000	¥100,000	¥220,000	¥450,000	¥560,000
4	天津	¥450,000	¥240,000	¥450,400	¥210,000	¥650,000	¥480,000	¥200,000	¥140,000	¥400,000	¥236,000
5	上海	¥620,000	¥120,000	¥256,000	¥450,000	¥895,000	¥260,000	¥300,000	¥150,000	¥257,000	¥245,000
6	南京	¥450,000	¥230,000	¥148,000	¥254,000	¥650,000	¥478,000	¥650,000	¥620,000	¥256,000	¥365,000
7	广州	¥320,000	¥620,000	¥263,000	¥210,000	¥580,000	¥562,000	¥360,000	¥160,000	¥350,000	¥98,000
8	武汉	¥145,000	¥220,000	¥230,000	¥202,500	¥500,000	¥632,000	¥245,000	.000	¥782,000	¥324,500
9	长沙	¥263,000	¥250,000	¥254,000	¥360,000	¥540,000	¥750,000	¥250,000	.000	¥570,000	¥245,000

	城市	北京	成都	天津	上海	南京	广州	武汉	长沙
1	冰箱	360000	250000	450000	620000	450000		145000	263000
2	洗衣机	210000	254000	240000	120000	230000		220000	250000
3	电视机	230000	250000	450400	256000	148000	263000	230000	254000
4	微波炉	360000	245000	210000	450000	254000	210000	202500	360000
5	电风扇	258700	547000	650000	895000	650000	580000	500000	540000
6	烤箱	250000	630000	480000	260000	478000	562000	632000	750000
7	空调	201000	100000	200000	300000	650000	360000	245000	250000
8	吸尘器	300000	220000	140000	150000	620000	160000	480000	260000

通过获取数据的方式将Excel工作簿数据连接到Power BI Desktop，进入Power Query 编辑器，在"转换"选项卡下单击"转置"按钮，如下图所示。

转置效果如下图所示。是不是发现有些不对劲？因为产品名称不见了。这是因为转置操作只针对数据区域进行，而产品名称在列名中，并不在数据区域，所以，如果想要保留产品名称，就要在转置前将列名内容下降到数据区域。

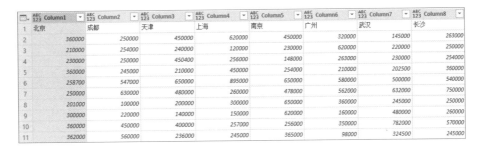

在"查询设置"窗格中撤销转置操作，让数据表恢复到刚导入时的状态，❶在"转换"选项卡下单击"将第一行用作标题"下三角按钮，❷在展开的列表中单击"将标题作为第一行"选项，如下图所示。

❶随后可看到列名下降后的效果，❷再在"转换"选项卡下单击"转置"按钮，如下图所示。

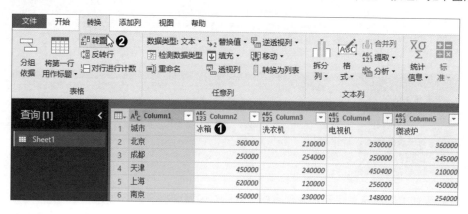

随后还要执行"将一行用作标题"操作，把第一行数据提升为列名，这样才算完成了行列的转置操作，转置效果如下图所示。

城市	北京	成都	天津	上海	南京	广州	武汉	长沙
1 冰箱	360000	250000	450000	620000	450000	320000	145000	263000
2 洗衣机	210000	254000	240000	120000	230000	620000	220000	250000
3 电视机	230000	250000	450400	256000	148000	263000	230000	254000
4 微波炉	360000	245000	210000	450000	254000	210000	202500	360000
5 电风扇	258700	547000	650000	895000	650000	580000	500000	540000
6 烤箱	250000	630000	480000	260000	478000	562000	632000	750000
7 空调	201000	100000	200000	300000	650000	360000	245000	260000
8 吸尘器	300000	220000	140000	150000	620000	160000	480000	260000

3. 反转行数据

反转行数据是指将第一行变为最后一行，第二行变为倒数第二行，……，最后一行变为第一行。
❶切换至"转换"选项卡，❷单击"反转行"按钮，如下图所示，即可完成行数据的反转。

4. 统计行数

如果要统计数据表的总行数，❶切换至"转换"选项卡，❷单击"对行进行计数"按钮，❸即可在数据编辑区看到统计出的总行数，如下图所示。

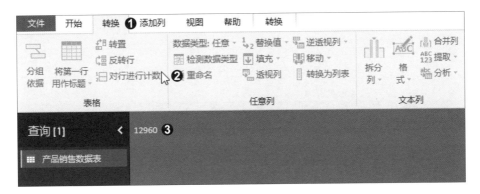

5. 将列转换为表

如果想要将表中的某列数据复制出来放在一个新表中，❶可在 Power Query 编辑器中右击该列，如"商铺城市"，❷在弹出的快捷菜单中单击"作为新查询添加"命令，如下图所示。

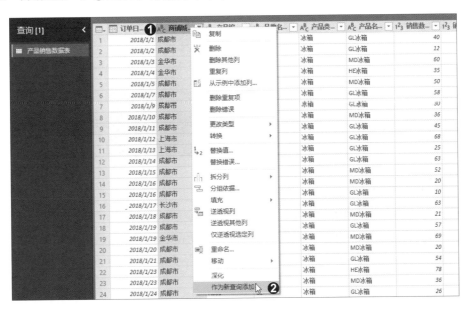

❶在"查询"窗格中会新增一个名为"商铺城市"的列表，该列表只包含"商铺城市"数据，如果要将该列表转换为数据表，❷切换至"列表工具 - 转换"选项卡，❸单击"到表"按钮，❹在打开的"到表"对话框中保持默认设置不变，❺直接单击"确定"按钮，如下图所示。

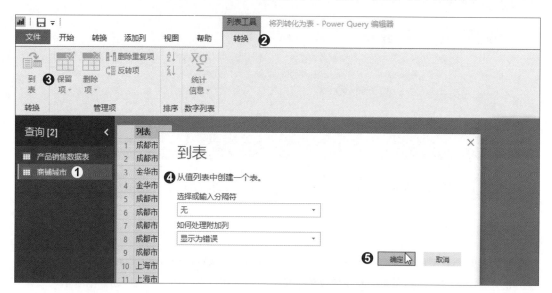

随后该列表会被转换为数据表，删除该表中的重复项数据，并重命名列，即可得到如右图所示的数据表效果。

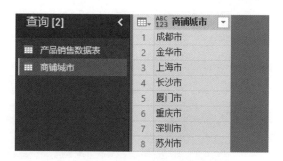

6. 填充数据列

若 Excel 工作簿中存在合并单元格，则将其导入 Power BI Desktop 中后，会出现数据缺失，即 null 值。此时可使用 Power Query 编辑器中的填充功能将 null 值变为所选列中相邻单元格中的值。以下图所示的 Excel 工作簿为例，其中存在跨多行的合并单元格。

	A	B	C	D	E	F	G	H	I	J	K
1	城市	产品	2010年	2011年	2012年	2013年	2014年	2015年	2016年	2017年	2018年
2		冰箱	¥360,000	¥210,000	¥230,000	¥360,000	¥258,700	¥250,000	¥201,000	¥300,000	¥360,000
3	上海	洗衣机	¥250,000	¥254,000	¥250,000	¥245,000	¥547,000	¥630,000	¥100,000	¥220,000	¥450,000
4		电视机	¥450,000	¥240,000	¥450,400	¥210,000	¥650,000	¥480,000	¥200,000	¥140,000	¥400,000
5		冰箱	¥620,000	¥120,000	¥256,000	¥450,000	¥895,000	¥260,000	¥300,000	¥150,000	¥257,000
6	广州	洗衣机	¥450,000	¥230,000	¥148,000	¥254,000	¥650,000	¥478,000	¥650,000	¥620,000	¥256,000
7		电视机	¥320,000	¥620,000	¥263,000	¥210,000	¥580,000	¥562,000	¥360,000	¥160,000	¥350,000
8		冰箱	¥145,000	¥220,000	¥230,000	¥202,500	¥500,000	¥632,000	¥245,000	¥480,000	¥782,000
9	成都	洗衣机	¥263,000	¥250,000	¥254,000	¥250,000	¥885,000	¥145,000	¥263,000	¥180,000	¥256,000
10		电视机	¥200,000	¥540,000	¥850,000	¥850,000	¥265,000	¥250,000	¥236,000	¥260,000	¥262,000
11		冰箱	¥254,000	¥230,000	¥245,000	¥210,000	¥365,000	¥478,100	¥245,000	¥230,000	¥250,000
12	深圳	洗衣机	¥362,000	¥250,000	¥365,000	¥225,000	¥457,000	¥250,000	¥580,000	¥280,000	¥288,000
13		电视机	¥250,000	¥231,000	¥241,000	¥451,000	¥250,000	¥630,000	¥520,000	¥286,000	¥286,000
14		冰箱	¥360,000	¥360,000	¥260,000	¥450,000	¥360,000	¥580,000	¥780,000	¥960,000	¥650,000
15	重庆	洗衣机	¥145,000	¥254,000	¥480,000	¥360,000	¥254,000	¥462,000	¥362,000	¥852,000	¥265,500
16		电视机	¥263,000	¥360,000	¥360,000	¥562,000	¥185,900	¥620,000	¥480,000	¥452,000	¥554,000

通过获取数据的方式将这个 Excel 工作簿连接到 Power BI Desktop 中，进入 Power Query 编辑器，❶可看到 Excel 工作簿中跨多行的合并单元格数据不能正常导入，出现了 null 值，❷选中含有 null 值的列，❸在"转换"选项卡下单击"填充 > 向下"选项，如下图所示。

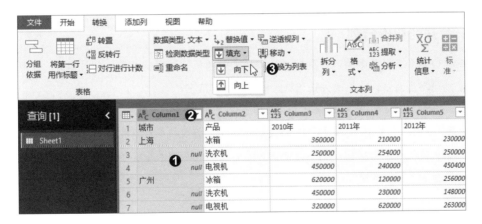

可看到所选列中原先含有 null 值的单元格被填充了上方相邻单元格中的值，随后将第一行数据提升为列名，即可得到如下图所示的数据表效果。

	A⁸_C 城市	A⁸_C 产品	1²₃ 2010年	1²₃ 2011年	1²₃ 2012年	1²₃ 2013年	1²₃ 2014年	1²₃ 2015年	1²₃ 2016年
1	上海	冰箱	360000	210000	230000	360000	258700	250000	201000
2	上海	洗衣机	250000	254000	250000	245000	547000	630000	100000
3	上海	电视机	450000	240000	450400	210000	650000	480000	200000
4	广州	冰箱	620000	120000	256000	450000	895000	260000	300000
5	广州	洗衣机	450000	230000	148000	254000	650000	478000	650000
6	广州	电视机	320000	620000	263000	210000	580000	562000	360000
7	成都	冰箱	145000	220000	230000	202500	500000	632000	245000
8	成都	洗衣机	263000	250000	254000	250000	885000	145000	263000
9	成都	电视机	200000	540000	850000	850000	265000	250000	236000
10	深圳	冰箱	254000	230000	245000	210000	365000	478100	245000
11	深圳	洗衣机	362000	250000	365000	225000	457000	250000	580000
12	深圳	电视机	250000	231000	241000	451000	250000	630000	520000
13	重庆	冰箱	360000	360000	260000	450000	360000	580000	780000
14	重庆	洗衣机	145000	254000	480000	360000	254000	462000	362000
15	重庆	电视机	263000	360000	360000	562000	185900	620000	480000

3.4 锦上添花：数据整理的进阶工具

本节要介绍一些数据整理的进阶工具，如合并列、拆分列、透视列等，它们可以让数据的格式更加规范，更便于分析。

1. 合并列和拆分列

Power Query 编辑器中的合并列功能可以将表中的多列数据合并在一起，组成一个新列；拆分列功能则可将含有多种信息的列按照特定的规则分割成多个列。

进入 Power Query 编辑器，❶利用【Ctrl】键选中要合并的多列数据，如"销售数量"和"单位"，❷在"转换"选项卡下单击"合并列"按钮，❸在打开的"合并列"对话框中设置好"分隔符"和"新列名"，❹单击"确定"按钮，如下图所示。随后选中的两列数据会被合并到一个新列中，新列的列名为设置的"销售数量"。

❶选中要拆分的列，如"客户地址"，❷在"转换"选项卡下单击"拆分列 > 按分隔符"选项，如下图所示。

打开"按分隔符拆分列"对话框，❶设置好用于拆分文本的分隔符、拆分位置、拆分的列数，❷单击"确定"按钮，如下右图所示。

在对话框中，"拆分位置"有 3 种。如果分隔符在要拆分的列数据中多次出现，则需指定是每次出现时都要拆分，还是只在第一次出现时拆分。如果只在第一次出现时拆分，还需指定是以左侧还是右侧作为拆分的基准；如果要每次出现都拆分，则在对话框中的"拆分位置"下单击"每次出现分隔符时"单选按钮。如果拆分列中的分隔符只有一个，选择任意一种"拆分位置"均可。

在对话框中还可以设置是将列数据拆分为行还是列。如果要拆分为列，必须要指定拆分成几列。例如，将选择的列设定为拆分成三列，但实际上只有一个逗号分隔符，则只能拆分出两列，但是程序会自动创建一个空列以满足设定拆分为三列的需求。

完成列的拆分后，可看到根据设置的分隔符号将所选列拆分为两列，更改分列后的列名，得到如下图所示的效果。

	ABC 订单编号	销售日期	ABC 产品名...	ABC 销售数量...	ABC 客户姓...	ABC 客户所在...	ABC 客户所在...
1	201906123001	2019/6/1 0:00:00	冰箱	60台	赵**	四川	成都
2	201906123002	2019/6/2 0:00:00	冰箱	45台	王**	湖北	武汉
3	201906123003	2019/6/2 0:00:00	电视机	50台	何**	河北	石家庄
4	201906123004	2019/6/3 0:00:00	冰箱	23台	张**	四川	绵阳
5	201906123005	2019/6/4 0:00:00	洗衣机	26台	李**	广东	佛山
6	201906123006	2019/6/4 0:00:00	冰箱	85台	良**	广东	东莞
7	201906123007	2019/6/5 0:00:00	电视机	78台	华**	海南	三亚
8	201906123008	2019/6/6 0:00:00	电视机	100台	习**	海南	海口
9	201906123009	2019/6/6 0:00:00	冰箱	25台	彭**	四川	乐山
10	201906123010	2019/6/7 0:00:00	电视机	36台	穆**	贵州	贵阳
11	201906123011	2019/6/7 0:00:00	洗衣机	63台	岳**	云南	昆明
12	201906123012	2019/6/8 0:00:00	冰箱	55台	庄**	陕西	延安

2．提取文本

当需要提取数据表某一列中的部分文本时，可使用 Power Query 编辑器中的提取功能快速完成。这里以提取身份证号中的出生日期为例介绍具体操作。

进入 Power Query 编辑器，❶选中要提取数据的列，这里选中"身份证号"列，❷在"转换"选项卡下单击"提取"按钮，❸在展开的列表中可看到多种提取选项。如果列数据中存在一个分隔符，可选择"分隔符之前的文本"或"分隔符之后的文本"选项；如果列数据中存在多个分隔符，想要提取分隔符之间的数据，则选择"分隔符之间的文本"选项。此处选中的列数据中没有分隔符，故选择"范围"选项，如下图所示。

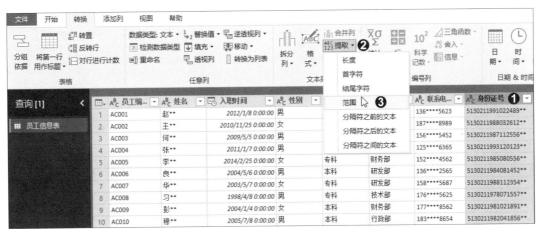

打开"提取文本范围"对话框，❶在"起始索引"文本框中输入要开始提取字符的位置，因身份证号中的出生日期数据从第 7 位字符开始，即第 6 位字符之后开始，故输入"6"，❷在"字符数"文本框中输入要提取的字符个数，因身份证号中的出生日期数据共 8 位，故输入"8"，❸完成后单击"确定"按钮，如右图所示。

随后在 Power Query 编辑器中可看到从选中的"身份证号"列中提取出的 8 位出生日期数据，更改列名为"出生日期"，得到如下图所示的效果。

	AᵇC 员工编... ▼	AᵇC 姓名 ▼	🕓 入职时间 ▼	AᵇC 性别 ▼	AᵇC 学历 ▼	AᵇC 部门 ▼	AᵇC 联系电... ▼	AᵇC 出生日... ▼
1	AC001	赵**	2012/1/8 0:00:00	男	本科	技术部	136****5623	19910224
2	AC002	王**	2010/11/25 0:00:00	女	专科	财务部	187****8989	19880326
3	AC003	何**	2009/5/5 0:00:00	男	本科	行政部	156****5452	19871125
4	AC004	张**	2011/1/7 0:00:00	男	专科	销售部	125****6365	19931201
5	AC005	李**	2014/2/25 0:00:00	女	专科	财务部	152****4562	19850805
6	AC006	良**	2004/5/6 0:00:00	男	本科	研发部	136****2565	19840814
7	AC007	华**	2003/5/7 0:00:00	女	专科	研发部	158****5687	19881123
8	AC008	习**	1998/4/8 0:00:00	男	专科	技术部	176****5625	19780715
9	AC009	彭**	2004/1/4 0:00:00	女	本科	财务部	177****8562	19810218
10	AC010	穆**	2005/7/8 0:00:00	男	本科	行政部	183****8654	19820418
11	AC011	岳**	2009/6/6 0:00:00	男	专科	销售部	185****9654	19830502

3．提取日期

若要提取日期数据中的年份、月份等数据，可使用 Power Query 编辑器中的日期提取功能来完成。这里以提取入职时间中的年份数据为例介绍具体操作。进入 Power Query 编辑器，❶选中数据表中的"入职时间"列，❷切换至"转换"选项卡，❸单击"日期"按钮，❹在展开的列表中单击"年 > 年"选项，如下图所示。随后提取出的年份数据会直接覆盖原有的日期数据。

此外，还可以右击日期数据列，在弹出的快捷菜单中单击"转换"命令，在级联列表中选择要提取的日期数据。

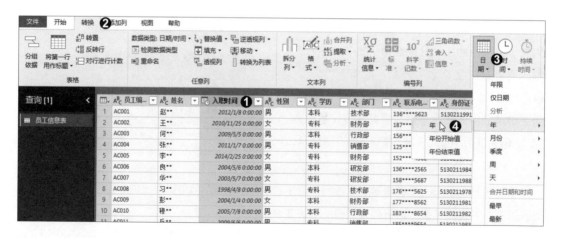

4．透视列和逆透视列

在讲解透视列和逆透视列的操作之前，需要先来了解一维表和二维表的概念。有的人认为一维表就是只有一行或一列的表，这个说法是错误的。实际上，一维表、二维表中的"维"指的是分析数据的角度。

判断一个数据表是一维表还是二维表的最简单方法是看它的每一列是否是一个独立的参数。如果每一列都是独立的参数，那么这个数据表就是一维表；如果每一列都是同类的参数，那么这个数据表就是二维表。

在 Power BI Desktop 中，如果需要将数据表在一维和二维之间相互转换，可以使用 Power Query 编辑器中的透视列和逆透视列功能来完成。

透视列功能可将一维表转换为二维表。进入 Power Query 编辑器，❶切换至"月度销售表"中，可看出这个表是一维表，如果要横向查看每个产品在每个月的销售金额，就需要使用透视列功能将这个表转换为二维表。❷选中"月份"列，❸在"转换"选项卡下单击"透视列"按钮。打开"透视列"对话框，❹设置"值列"为"销售金额"，❺在"高级选项"下设置"聚合值函数"为"求和"，❻单击"确定"按钮，如下图所示。

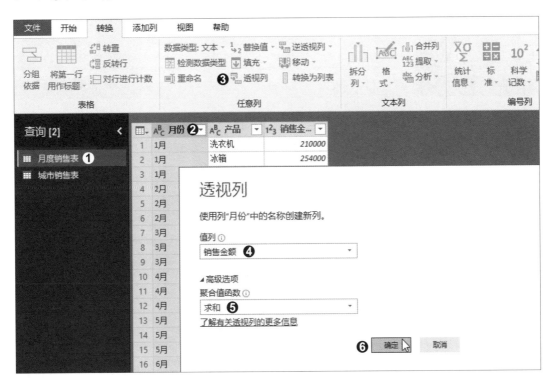

完成一维表到二维表的转换后，可看到销售金额值变为列的数据表效果，如下图所示。

	ABC 产品	1²₃ 1月	1²₃ 2月	1²₃ 3月	1²₃ 4月	1²₃ 5月	1²₃ 6月	1²₃ 7月	1²₃ 8月	1²₃ 9月	1²₃ 10月	1²₃ 11月	1²₃ 12月
1	冰箱	254000	230000	250000	450400	263000	360000	450000	202500	547000	650000	540000	632000
2	洗衣机	210000	120000	220000	250000	148000	254000	210000	210000	258700	895000	500000	562000
3	电视机	240000	620000	230000	256000	230000	245000	254000	360000	650000	580000	478000	750000

逆透视列功能可将二维表转换为一维表。❶切换至"城市销售表"中，可看出这个表是二维表，❷选中"城市"列，❸在"转换"选项卡下单击"逆透视列 > 逆透视其他列"选项，如下图所示。

完成二维表到一维表的转换后，重命名列，即可看到"城市销售表"中各个产品的销售金额由列转换为了值，如右图所示。

通过本章的学习，读者应能掌握 Power Query 编辑器中常用的数据整理功能，在实际工作中灵活运用这些功能，可以搞定大部分数据整理工作，大大提高办公效率。

第 4 章

为数据分析做准备
——Power Query 高级应用

为了对数据进行更深入的整理，Power Query 编辑器还提供了一些高级数据整理工具，如合并与追加、列分析、M 语言等。本章就将详细介绍这些高级数据处理工具。

4.1 添加列：增加辅助数据

当表中的列数据不足以支撑数据的分析而需要添加新的数据列时，可使用 Power Query 编辑器中的添加列功能来增加辅助数据。添加列功能可以添加的列有 3 种，分别为重复的数据列、根据条件定义的数据列、根据公式定义的数据列。

4.1.1 添加重复列

如果要在处理列数据的同时又不破坏该列数据，可在数据表中添加重复列。进入 Power Query 编辑器，❶右击要添加重复列的列名，如"身份证号"列，❷在弹出的快捷菜单中单击"重复列"命令，如下图所示。随后在"身份证号"列的右侧会新增一个名为"身份证号 - 复制"的列，这两列的内容完全相同。

	A^BC 员工编… ▼	A^BC 姓名 ▼	入职时间 ▼	A^BC 性别 ▼	A^BC 学历 ▼	A^BC 部门 ▼	A^BC 联系电… ▼	A^BC 身份证号 ❶ ▼	复制
1	AC001	赵**	2012/1/8 0:00:00	男	本科	技术部	136****5623	513021199102248	复制
2	AC002	王**	2010/11/25 0:00:00	女	专科	财务部	187****8989	513021198803261	删除
3	AC003	何**	2009/5/5 0:00:00	男	本科	行政部	156****5452	513021198711255	删除其他列
4	AC004	张**	2011/1/7 0:00:00	男	专科	销售部	125****6365	513021199312012	重复列 ❷
5	AC005	李**	2014/2/25 0:00:00	女	专科	财务部	152****4562	513021198508055	从示例中添加列…
6	AC006	良**	2004/5/6 0:00:00	男	本科	研发部	136****2565	513021198408145	删除重复项
7	AC007	华**	2003/5/7 0:00:00	女	专科	研发部	158****5687	513021198811235	删除错误
8	AC008	习**	1998/4/8 0:00:00	男	专科	技术部	176****5625	513021197807155	
9	AC009	彭**	2004/1/4 0:00:00	女	本科	财务部	177****8562	513021198102189	更改类型 ▶
10	AC010	穆**	2005/7/8 0:00:00	男	本科	行政部	183****8654	513021198204185	转换 ▶
11	AC011	岳**	2009/6/6 0:00:00	男	本科	销售部	185****9654	513021198305026	替换值…
12	AC012	庄**	2011/11/12 0:00:00	女	本科	财务部	176****3625	513021198507075	替换错误…
13	AC013	毕**	2012/1/15 0:00:00	男	专科	技术部	156****2323	513021198603065	拆分列 ▶
14	AC014	汤**	2011/1/2 0:00:00	女	专科	财务部	178****8547	513021198808142	分组依据…
15	AC015	康**	2013/5/8 0:00:00	男	本科	行政部	152****5554	513021199211262	填充 ▶
16	AC016	元**	2012/5/8 0:00:00	女	本科	销售部	187****8885	513021199304165	逆透视列
17	AC017	金**	2014/4/8 0:00:00	男	专科	财务部	152****5412	513021199511045	

4.1.2 添加条件列

如果想要根据指定的条件从某些列中获取数据并计算生成新列，可使用添加条件列功能来完成。该功能类似于 Excel 中的 IF 函数。进入 Power Query 编辑器，❶切换至"添加列"选项卡，❷单击"条件列"按钮，如下图所示。

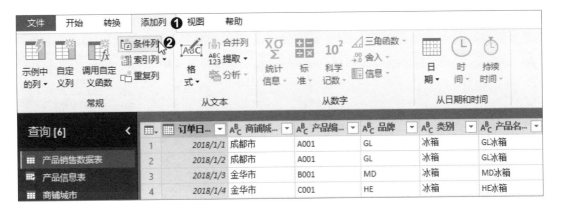

打开"添加条件列"对话框，❶在"新列名"文本框中输入条件列的列名，如"销售等级"，❷根据提供的 If 函数设置好列名、运算符、值及输出数据，如果对话框中提供的规则数量不够，可单击"添加规则"按钮来添加新的规则，❸设置好"Otherwise"条件，❹完成后单击"确定"按钮，如下图所示。

随后可看到根据设置的条件计算得到的"销售等级"列，在该列中可直观看出各个日期的销售额等级，如下图所示。

	订单日…	A^BC 商浦城…	A^BC 产品编…	A^BC 品牌	A^BC 类别	A^BC 产品名…	1²3 销售数…	1²3 销售单…	1²3 销售额…	ABC 123 销售等…
1	2018/1/1	成都市	A001	GL	冰箱	GL冰箱	40	4669	186760	良
2	2018/1/2	成都市	A001	GL	冰箱	GL冰箱	12	4669	56028	差
3	2018/1/3	金华市	B001	MD	冰箱	MD冰箱	60	4199	251940	优
4	2018/1/4	金华市	C001	HE	冰箱	HE冰箱	35	3599	125965	良
5	2018/1/5	成都市	B001	MD	冰箱	MD冰箱	50	4199	209950	优
6	2018/1/7	成都市	A001	GL	冰箱	GL冰箱	58	4669	270802	优
7	2018/1/9	成都市	A001	GL	冰箱	GL冰箱	30	4669	140070	良
8	2018/1/10	成都市	B001	MD	冰箱	MD冰箱	36	4199	151164	优
9	2018/1/11	成都市	A001	GL	冰箱	GL冰箱	45	4669	210105	优
10	2018/1/12	上海市	A001	GL	冰箱	GL冰箱	68	4669	317492	优
11	2018/1/13	上海市	A001	GL	冰箱	GL冰箱	25	4669	116725	良
12	2018/1/14	成都市	A001	GL	冰箱	GL冰箱	63	4669	294147	优
13	2018/1/15	成都市	B001	MD	冰箱	MD冰箱	52	4199	218348	优
14	2018/1/16	成都市	B001	MD	冰箱	MD冰箱	20	4199	83980	差
15	2018/1/16	成都市	A001	GL	冰箱	GL冰箱	10	4669	46690	差
16	2018/1/17	长沙市	A001	GL	冰箱	GL冰箱	63	4669	294147	优

4.1.3 添加自定义列

如果前两个小节介绍的添加列方法仍然不能满足实际工作需求，可以使用自定义列功能，通过设置公式来添加新列。进入 Power Query 编辑器，❶切换至"添加列"选项卡，❷单击"自定义列"按钮，如下图所示。

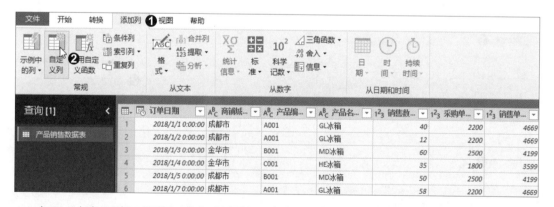

打开"自定义列"对话框，❶在"新列名"文本框中输入自定义列的列名，如"销售利润"，❷在"可用列"列表框中选择用于定义新列公式的列，如"销售业绩"，❸单击"插入"按钮，❹即可在"自定义列公式"文本框中看到插入的"销售业绩"列，在列名后输入"-"，并应用相同的方法在"-"后插入"销售成本"列，❺完成公式的设置后，单击"确定"按钮，如下图所示。

在"自定义列"对话框中键入公式并构建列时，可在对话框底部的左侧看到实时检测语法错误的指示器。如果公式的语法正确，可看到一个绿色的钩形图标；如果公式的语法中存在错误，将看到一个黄色警告图标及检测到的错误。

返回 Power Query 编辑器，可看到新添加的"销售利润"列，如下图所示。如果要修改自定义列，可在窗口右侧的"查询设置"窗格中双击自定义列操作对应的"已添加自定义"步骤，将再次打开"自定义列"对话框，在对话框中修改自定义列的公式即可。

	订单日期	AᵇC 商铺城...	AᵇC 产品编...	AᵇC 产品名...	1²₃ 销售数...	1²₃ 采购单...	1²₃ 销售单...	1²₃ 销售成...	1²₃ 销售业...	ABC 销售利...
1	2018/1/1 0:00:00	成都市	A001	GL冰箱	40	2200	4669	88000	186760	98760
2	2018/1/2 0:00:00	成都市	A001	GL冰箱	12	2200	4669	26400	56028	29628
3	2018/1/3 0:00:00	金华市	B001	MD冰箱	60	2500	4199	150000	251940	101940
4	2018/1/4 0:00:00	金华市	C001	HE冰箱	35	1800	3599	63000	125965	62965
5	2018/1/5 0:00:00	成都市	B001	MD冰箱	50	2500	4199	125000	209950	84950
6	2018/1/7 0:00:00	成都市	A001	GL冰箱	58	2200	4669	127600	270802	143202
7	2018/1/9 0:00:00	成都市	A001	GL冰箱	30	2200	4669	66000	140070	74070
8	2018/1/10 0:00:00	成都市	B001	MD冰箱	36	2500	4199	90000	151164	61164
9	2018/1/11 0:00:00	成都市	A001	GL冰箱	45	2200	4669	99000	210105	111105
10	2018/1/12 0:00:00	上海市	A001	GL冰箱	68	2200	4669	149600	317492	167892
11	2018/1/13 0:00:00	上海市	A001	GL冰箱	25	2200	4669	55000	116725	61725
12	2018/1/14 0:00:00	成都市	A001	GL冰箱	63	2200	4669	138600	294147	155547
13	2018/1/15 0:00:00	成都市	B001	MD冰箱	52	2500	4199	130000	218348	88348
14	2018/1/16 0:00:00	成都市	B001	MD冰箱	20	2500	4199	50000	83980	33980
15	2018/1/16 0:00:00	成都市	A001	GL冰箱	10	2200	4669	22000	46690	24690

4.2 分组依据：分类汇总行列数据

如果要对 Power BI Desktop 中导入的数据进行分类汇总计算，即以表中的某个列为依据对指定列进行汇总操作，可使用 Power Query 编辑器中的分组依据功能。

进入 Power Query 编辑器，在数据表中可看到各个订单日期的产品销售情况，❶切换至"转换"选项卡，❷在"表格"组中单击"分组依据"按钮，如右图所示。

打开"分组依据"对话框，如果作为分组依据的列不止一个，❶则单击"高级"单选按钮，❷设置"分组依据"为"商铺城市"，再单击"添加分组"按钮添加分组依据，如此处添加了"品牌"列作为分组依据，❸设置好"新列名"及新列对应的"操作"和"柱"，如果新列不止一个，则单击"添加聚合"按钮添加新列，❹完成后单击"确定"按钮，如下图所示。

在"分组依据"对话框中，如果要删除或调整分组或聚合，可将鼠标指针放置在要删除的分组或聚合的列名框后，此时会出现 ⋯ 按钮，单击该按钮，在展开的列表中可看到"删除""下移""上移"选项，根据实际需求选择相应的选项即可。

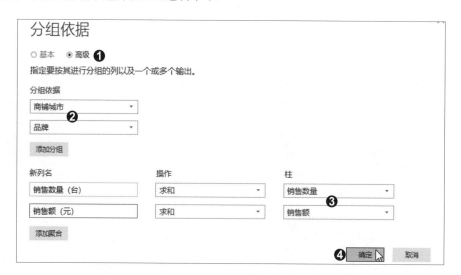

完成分组后，在 Power Query 编辑器中可以看到根据"商铺城市"和"品牌"列对"销售数量"和"销售额"列进行分组求和后的数据表，此时其他列已被删除，如右图所示。

4.3　合并与追加: 汇总多个表的数据

若要将一个表中的某列数据引用到另外一个表中，或者将两个或多个表合并为一个表，可使用 Power Query 编辑器中的合并查询和追加查询功能来完成。

4.3.1　合并查询

合并查询是指在一个表中添加另一个表中的列，前提是这两个表具有数据关系。该功能相当于 Excel 中的 VLOOKUP 函数，常用于匹配两个表中的数据，不过合并查询功能要比 VLOOKUP 函数更加强大，并且操作也更加简单和灵活。

进入 Power Query 编辑器，现要在"产品销售数据表"中添加"产品信息表"中的"采购单价"列，❶切换至"产品销售数据表"，❷在"开始"选项卡下单击"合并查询"按钮，如下图所示。

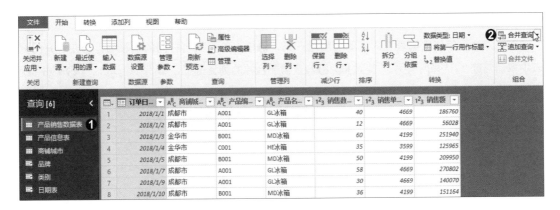

打开"合并"对话框,❶在对话框的下方设置好要合并的表,如"产品信息表",❷在"产品销售数据表"中选择两个表中相同的列,如"产品编号",❸在"产品信息表"中也选中该列,❹单击"确定"按钮,如下图所示。

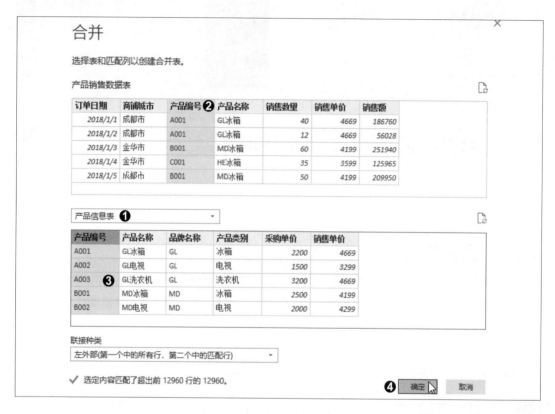

随后"产品销售数据表"的右侧会新增一列,❶单击该列列名右侧的⚏按钮,❷在展开的列表中取消勾选"(选择所有列)"复选框,❸勾选需要合并的列复选框,如"采购单价",❹单击"确定"按钮,如下图所示。

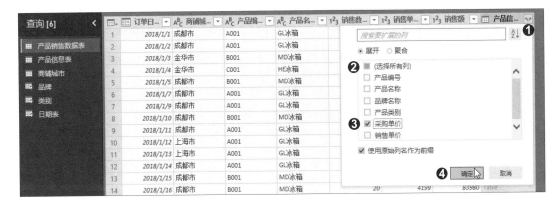

即可将"采购单价"列添加到"产品销售数据表"中，而且会自动为产品匹配对应的采购单价，重命名新列，得到如下图所示的数据表效果。

	订单日…	A^B_C 商铺城…	A^B_C 产品编…	A^B_C 产品名…	1²₃ 销售数…	1²₃ 销售单…	1²₃ 销售额…	1²₃ 采购单价
1	2018/1/1	成都市	A001	GL冰箱	40	4669	186760	2200
2	2018/1/2	成都市	A001	GL冰箱	12	4669	56028	2200
3	2018/1/7	成都市	A001	GL冰箱	58	4669	270802	2200
4	2018/1/9	成都市	A001	GL冰箱	30	4669	140070	2200
5	2018/1/11	成都市	A001	GL冰箱	45	4669	210105	2200
6	2018/1/12	上海市	A001	GL冰箱	68	4669	317492	2200
7	2018/1/3	金华市	B001	MD冰箱	60	4199	251940	2500
8	2018/1/5	成都市	B001	MD冰箱	50	4199	209950	2500
9	2018/1/10	成都市	B001	MD冰箱	36	4199	151164	2500
10	2018/1/4	金华市	C001	HE冰箱	35	3599	125965	1800
11	2018/1/13	上海市	A001	GL冰箱	25	4669	116725	2200
12	2018/1/14	成都市	A001	GL冰箱	63	4669	294147	2200
13	2018/1/15	成都市	B001	MD冰箱	52	4199	218348	2500

4.3.2 追加查询

追加查询是在一个表的下方添加其他表中的行数据。需要注意的是，追加查询只能合并结构相同、列名相同的表，如果表的结构不同，在合并时可能会出错。

进入 Power Query 编辑器，可看到已有 6 个月的数据表，它们具有相同的结构和列名，现在想要将这些表合并到一个新表中。首先将"1 月"表复制一份，作为合并的起点。❶在"查询"窗格中右击"1 月"表，❷在弹出的快捷菜单中单击第 2 个"复制"命令，如下图所示。

此时在"查询"窗格中将新增一个与"1 月"表内容相同的表，❶更改表名为"上半年采购记录"，并切换至该表，❷在"开始"选项卡下单击"追加查询"按钮，如下图所示。

打开"追加"对话框，❶单击"三个或更多表"单选按钮，❷在"可用表"列表框中选择要追加的表，如"2 月"，❸单击"添加"按钮，❹即可将"2 月"表添加到"要追加的表"列表框中，应用相同的方法将"3 月""4 月""5 月""6 月"表添加到"要追加的表"列表框中，❺完成后单击"确定"按钮，如下图所示。这里不需要添加"1 月"表，是因为"上半年采购记录"表中已经含有"1 月"表的内容。

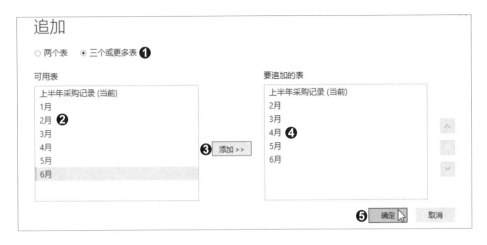

随后在 Power Query 编辑器中可看到"上半年采购记录"表中包含 1—6 月的采购数据，如下图所示。

	采购日期	采购物…	采购数…	采购金…
1	2019/1/6 0:00:00	马克笔	5盒	2000
2	2019/1/10 0:00:00	马克笔	5盒	300
3	2019/1/15 0:00:00	打印机	1台	298
4	2019/1/16 0:00:00	点钞机	1台	349
5	2019/1/17 0:00:00	复印纸	2箱	100
6	2019/1/22 0:00:00	文件柜	2个	360
7	2019/1/24 0:00:00	办公沙发	2个	560
8	2019/1/26 0:00:00	保险箱	1个	438
9	2019/1/28 0:00:00	收款机	1台	1099
10	2019/1/28 0:00:00	培训椅	5个	112
11	2019/1/28 0:00:00	办公沙发	5个	400
12	2019/2/2 0:00:00	文件柜	3个	500
13	2019/2/4 0:00:00	超市货架	4个	560
14	2019/2/6 0:00:00	胶带	5卷	40
15	2019/2/8 0:00:00	复印纸	5箱	400
16	2019/2/12 0:00:00	条码纸	6卷	34
17	2019/2/14 0:00:00	条码打印机	1台	980
18	2019/2/18 0:00:00	交换机	2台	50
19	2019/2/20 0:00:00	路由器	2台	400
20	2019/2/24 0:00:00	打印机	1台	298
21	2019/2/26 0:00:00	文件柜	5个	700
22	2019/3/2 0:00:00	文件柜	2个	150
23	2019/3/4 0:00:00	超市货架	5个	400

查询 [7]
1月
2月
3月
4月
5月
6月
上半年采购记录

4.4 列分析: 轻松发现数据质量问题

在 Power BI Desktop 中导入的数据可能存在各种质量问题，如错误值、重复项或空值。为了准确地完成数据分析，首先就需要找出数据的质量问题，然后对其进行处理。

使用上一章介绍的数据整理方法虽然可以解决一部分数据质量问题，但当数据量较大、数据质量问题较多时，使用这些方法会耗费大量精力和时间。而使用 Power Query 编辑器中的列分析功能可以快速发现并解决数据质量问题。

在旧版本的 Power BI Desktop 中，列分析功能是预览功能，需要手动启用，方法是：单击"文件 > 选项和设置 > 选项"命令，❶在打开的"选项"对话框中切换至"预览功能"界面，❷勾选"启用列分析"复选框，❸单击"确定"按钮，如下图所示。

将 Excel 工作簿通过获取数据的方式连接到 Power BI Desktop，在 Power Query 编辑器中可以看到界面效果与之前稍有不同，列名下方出现了一个绿色条。建议安装最新版的 Power BI Desktop，无需手动设置即可使用列分析功能。

❶切换至"视图"选项卡，可看到"数据预览"组的列分发和列质量功能。❷勾选"列质量"复选框，Power Query 编辑器就会自动检测表中的有效值、错误值和空值，并在每个列名下方的列质量区域中使用不同颜色区分显示这些数据所占的比例。❸如果某列含有错误值，该列上方的绿色条还会用虚线标识，以提醒用户注意处理。下面先来处理空值。❹将鼠标指针悬停在"品牌名称"列的列质量区域上，❺在浮现的提示框中可看到该列中的有效值、错误值和空值的数量及所占的百分比，如果要删除空值，则单击"删除空"按钮，如下图所示，即可将含有空值的行删除。用相同方法删除其他列中的空值。

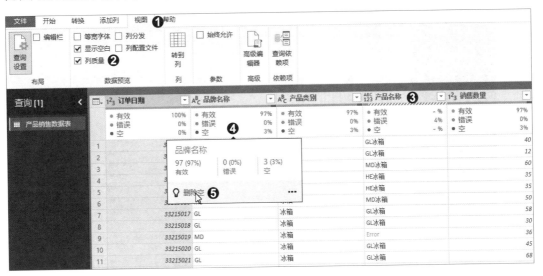

接着处理错误值。❶将鼠标指针悬停在含有错误值的"产品名称"列的列质量区域上，❷在浮现的提示框中单击"删除错误"按钮，如下图所示，即可将含有错误值的行删除。

❶在"视图"选项卡下勾选"列分发"复选框，❷可以看到数据表中的每个列名下方会出现一个迷你柱形图，直观展示出该列非重复值的分布情况，并在迷你柱形图的下方显示非重复值和唯一值的数量。将鼠标指针悬停在"订单日期"列的列分发区域上，❸在浮现的提示框中单击"删除重复项"按钮，如下图所示，即可删除"订单日期"列中的重复项数据。

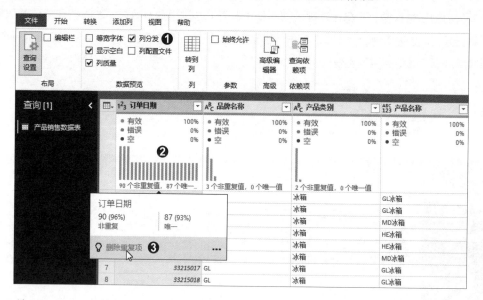

目前 Power Query 编辑器中的列分析功能针对的行数据量有限，分析的对象也停留在重复项、错误值和空值等一些表面的数据元素上，无法进行更智能的数据异常排查。但用户利用列分析功能可以大致判断数据的质量，从而估算出数据整理的工作量。

4.5 M 语言：数据处理的高级玩法

要想学好 Excel，除了掌握表格制作和数据处理等基本操作以外，还必须掌握公式、函数和 VBA 等更复杂的功能。学习 Power BI 也一样，虽然利用前面介绍的功能可以完成大部分数据处理工作，但如果遇到一些复杂的数据问题，则必须掌握一些高级玩法才行。

Power Query 编辑器中的 M 语言就是一种比较高级的数据处理功能。M 语言是一种编程式函数，它可以让数据处理变得更加轻松。

其实，在之前的数据处理操作中，M 语言就已经无处不在了。例如，4.1 节中每一个步骤的背后都有 M 语言的存在。

打开"销售数据表"，进入 Power Query 编辑器，在"开始"选项卡下单击"高级编辑器"按钮，如下图所示。

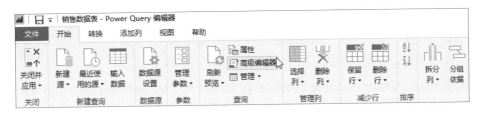

在打开的"高级编辑器"对话框中可以看到"查询设置"窗格中每一个步骤的代码，这些代码是由 let…in 语句构成的，如下图所示。M 语言的语句不止一种，最常用的就是 let…in 语句，所以下面简单介绍一下该语句的基本含义。

"let"后的内容是操作，"in"后的内容是输出结果。"let"后的操作由多个以逗号分隔的等式组成。"="前是操作名称，相当于变量；"="后是操作的具体内容，即 M 函数。需要注意的是，最后一个操作"重命名的列"的末尾没有逗号，而其他操作的末尾都有逗号。

M 语言的体系比较庞大和复杂，对于没有编程基础的人而言会有一定的难度，但在 Power Query 编辑器中处理一些复杂任务时，借助 M 语言会更加灵活、简洁和高效。

限于篇幅，下面只简单介绍 M 语言的一些基础知识，包括 M 函数的基本表达式、常用的 M 函数及 M 函数的查询方法。

1．M 函数的结构和语法

M 函数的结构可以表示为"函数类型．函数功能"的格式。例如，Table.RenameColumns 函数和 Table.TransformColumnTypes 函数，可以看出它们的函数类型相同，作用的对象都是表（Table），但功能却不一样，前者用于重命名列（RenameColumns），后者用于更改列的数据类型（TransformColumnTypes）。

M 函数对大小写敏感，每一个字母都必须按函数规范书写。下面以 Table.RenameColumns 函数为例，简单介绍 M 函数的语法。

Table.RenameColumns(table as table, renames as list, optional missingField as nullable MissingField.Type) as table

参数	描述
table	必需参数，指定要执行重命名列操作的表名
renames	必需参数，指定原列名和新列名
missingField	可选参数，可以省略，可以为空值 null

2．常用的 M 函数

M 语言中有 800 多个函数。使用 M 函数可帮助我们自由、灵活地完成数据的导入、整合和加工处理等工作。常用的 M 函数简介如下表所示。

类型	函数	功能
聚合函数	List.Sum	求和
	List.Min	求最小值
	List.Max	求最大值
	List.Average	求平均值
文本函数	Text.Length	求文本长度
	Text.Trim	去文本空格

续表

类型	函数	功能
文本函数	Text.Start	取前 n 个字符
	Text.End	取后 n 个字符
提取数据函数	Excel.Workbook	从 Excel 工作簿中提取数据
	Csv.Document	从 CSV/TXT 文件中提取数据
通用函数	Table.TransformColumnTypes	修改列的数据类型
	Table.AddColumn	添加列
	Table.RemoveColumns	删除列
	Table.RenameColumns	重命名列
	Table.RowCount / Table.ColumnCount	统计表的行 / 列数
	Table.Distinct	删除表中的重复项
筛选函数	Table.FirstN	保留前几行
	Table.SelectRows	对表进行筛选

3. M 函数的查询方法

如果不熟悉 M 函数，可通过 Power Query 编辑器中内置的帮助功能查询 M 函数的用法。❶在 Power BI Desktop 中单击"获取数据"下三角按钮，❷在展开的列表中单击"空查询"选项，如右图所示。

　　进入 Power Query 编辑器，在公式编辑栏中输入"=#shared"，按【Enter】键，就可以显示出所有的 M 函数，❶单击某个函数，如"Table.RenameColumns"，❷在编辑器的最下方会显示该函数的语法、功能和示例等，如下图所示。

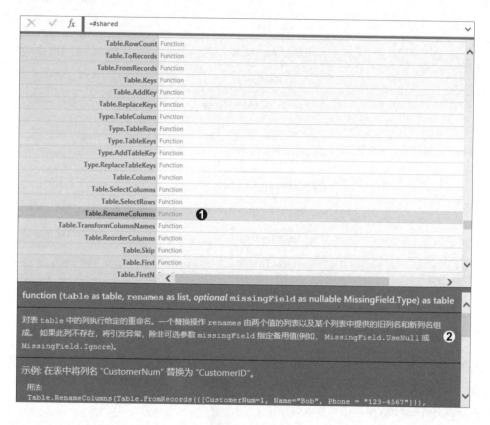

　　如果知道某个函数，但对该函数的用法不是很清楚，❶可以直接在公式编辑栏中输入该函数名，如"=Table.TransformColumnNames"，按【Enter】键，❷即可看到该函数的语法、功能和示例等信息，如下图所示。

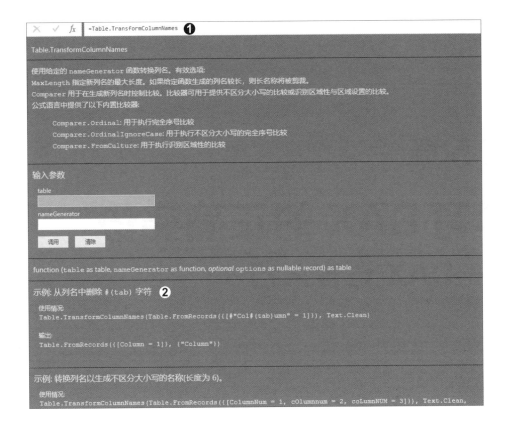

× ✓ fx =Table.TransformColumnNames ❶

Table.TransformColumnNames

使用给定的 nameGenerator 函数转换列名。有效选项:
MaxLength 指定新列名的最大长度。如果给定函数生成的列名较长,则长名称将被剪裁。
Comparer 用于在生成新列名时控制比较。比较器可用于提供不区分大小写的比较或识别区域性与区域设置的比较。
公式语言中提供了以下内置比较器:

> Comparer.Ordinal: 用于执行完全序号比较
> Comparer.OrdinalIgnoreCase: 用于执行不区分大小写的完全序号比较
> Comparer.FromCulture: 用于执行识别区域性的比较

输入参数

table

nameGenerator

[调用]   [清除]

function (table as table, nameGenerator as function, *optional* options as nullable record) as table

示例: 从列名中删除 #(tab) 字符 ❷

使用情况:
Table.TransformColumnNames(Table.FromRecords({[#"Col#(tab)umn" = 1]}), Text.Clean)

输出:
Table.FromRecords({[Column = 1]}, {"Column"})

示例: 转换列名以生成不区分大小写的名称(长度为 6)。

使用情况:
Table.TransformColumnNames(Table.FromRecords({[ColumnNum = 1, cOlumnnum = 2, coLumnNUM = 3]}), Text.Clean,

第5章

学习 DAX 的正确姿势
——DAX 语言入门

在 2.3 节中，我们使用 Power BI Desktop 提供的图形用户界面（按钮、对话框等）完成了简单的数据建模，整个操作过程比较直观和轻松。但是，对于更复杂的数据建模任务，图形用户界面就难以胜任了，此时必须使用 DAX 语言。

本章将介绍 DAX 公式、DAX 运算符、DAX 函数等 DAX 语言的基础知识，然后讲解 DAX 语言的常用操作，包括建立度量值、列和表等。

5.1 DAX 语言：数据建模的核心和灵魂

在 4.5 节中，我们了解到 Power BI 中存在一个 M 语言，而本章要接触一种新的语言——DAX 语言。这两种语言在 Power BI 中各司其职：M 语言在 Power Query 编辑器中使用，主要用于数据整理；DAX 语言则常用于数据建模，如建立度量值、新建列和新建表等。

为什么一个软件中会出现两种语言呢？这要从 Power BI 的发展历史说起。Power BI 是在 Excel 中的 Power Query、Power Pivot、Power View、Power Map 这四个插件的基础上开发而成的。前两个插件 Power Query 和 Power Pivot 由两个独立的团队分别开发，在 Power Query 插件中使用的是 M 语言，在 Power Pivot 插件中使用的则是 DAX 语言。Power BI 整合了这些插件的功能，自然也将这两种语言融合了进来，从而导致了一个软件中出现两种语言的情况。

DAX 是 Data Analysis Expressions 的缩写，可翻译为"数据分析表达式"。从这个名称可以看出，DAX 语言是一种用于分析数据的公式语言。简单来说，DAX 语言可充分利用数据来创建新信息或新关系，用于解决实际商业问题。

本节将介绍 DAX 语言的公式、运算符和函数这三个重要的基本概念，为学习 DAX 语言的应用打好基础。

1. DAX 公式

前面说过，DAX 语言是一种公式语言，因此，学习 DAX 语言就要从学习 DAX 公式入手。熟悉 Excel 的人都知道，Excel 中的公式由等号、函数、常量、单元格引用、运算符等组成。DAX 公式和 Excel 公式有点类似，如下所示为一个比较简单的 DAX 公式。

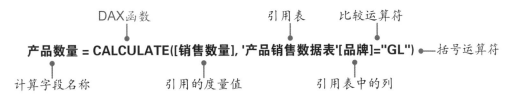

第一个等号左边的是计算字段名称，该计算字段可以是度量值，也可以是计算列。第一个等号右边的是公式的主体，其中使用单引号" ' ' "引用了一张表，使用中括号" [ ] "引用了度量值和表中的字段。在引用列时，如果报表的多张表中都含有该列，则需要明确引用的是哪张表中的列。例如，本公式在引用"品牌"列时，明确指定引用的是"产品销售数据表"中的"品牌"列。

需要注意的是，DAX 公式中的引号，无论是单引号还是双引号，都必须在英文状态下输入。

上面这个 DAX 公式相对简单，但当公式很长或嵌套函数很多时，如果全部写在一行当中，就会不便于阅读。来看看如下所示的 DAX 公式：

单位成本=CALCULATE(MIN('产品成本表'[采购单价]), TOPN(1, FILTER(ALL('产品成本表'), '产品成本表'[生效日期]<=EARLIER('产品订单表'[订单日期])&&'产品成本表'[产品名称]=EARLIER('产品订单表'[产品名称])), '产品成本表'[生效日期]))

这个公式中使用了较多嵌套函数，层次比较复杂，初学者理解起来会比较困难，就算是"照猫画虎"地输入，也很容易犯括号或引号不成对等错误。因此，按照一定的格式规范编写 DAX 公式是很有必要的。对这个公式进行合理调整，适当添加换行和缩进，可以使其变得层次清晰、易于阅读，并且不会影响公式的运算结果，效果如下所示：

```
单位成本=
CALCULATE(
    MIN('产品成本表'[采购单价]),
    TOPN(
        1,
        FILTER(
            ALL('产品成本表'),
            '产品成本表'[生效日期]<=EARLIER('产品订单表'[订单日期])
                &&'产品成本表'[产品名称]=EARLIER('产品订单表'[产品名称])
        ),
        '产品成本表'[生效日期]
    )
)
```

要实现上述格式调整，需要用到公式编辑栏的一些快捷键：按【Ctrl+】】组合键可以向右缩进，按【Ctrl+[】组合键可以向左缩进，缩进量是每次 4 个字符；按【Shift+Enter】组合键可以实现换行后缩进，按【Alt+Enter】组合键可以实现换行后不缩进。

当然，与格式的规范性相比，DAX 公式的语法正确性更为重要。因为如果语法不正确，DAX 公式就无法完成运算。值得高兴的是，Power BI Desktop 的公式编辑栏提供了建议功能，可帮助我们选择正确的元素来创建语法正确的公式。有时尽管语法正确，却无法得到预期的结果，则说明 DAX 公式中有逻辑错误，Power BI Desktop 就无法帮助我们纠正了，这时只能依靠经验仔细推敲和排查，来发现并改正错误。

2．DAX 运算符

DAX 语言使用运算符来创建公式，用于比较值、执行算术计算或处理字符串。在前面出现的公式中，就使用了等号和小于号等运算符。

DAX 公式中的运算符有 4 类：算术运算符、比较运算符、文本串联运算符、逻辑运算符。各类运算符的介绍如下表所示。

运算符类型	符号	含义	示例
算术运算符	+	加法	3+3
	-	减法或负号	3-1-1；-1
	*	乘法	3*3
	/	除法	3/3
	^	求幂	16^4
比较运算符	=	等于	[品牌]="GL"
	>	大于	[日期]>"2019/1/1"
	<	小于	[日期]<"2019/1/1"
	>=	大于或等于	[销售数量]>=10
	<=	小于或等于	[销售数量]<=20
	<>	不等于	[品牌]<>"GL"
文本串联运算符	&	连接（串联）两个文本值以生成一个连续的文本值	[品牌]&[类别]

续表

运算符类型	符号	含义	示例
逻辑运算符	&&	同时满足几个条件。如果多个表达式都返回 TRUE，则结果为 TRUE；否则结果为 FALSE	[商铺城市]="厦门市 "&&[品牌]="GL"
	||	满足任意一个条件。如果任一表达式返回 TRUE，则结果为 TRUE；仅当所有表达式均返回 FALSE 时，结果才为 FALSE	[商铺城市]="厦门市 "||[品牌]="GL"

在某些情况下，DAX 公式中执行计算的顺序可能会影响最终的计算结果，因此，需要了解确定 DAX 公式计算顺序的规则。

所有 DAX 公式都以等号（=）开始，等号之后是参与计算的元素，由运算符分隔。公式始终从左向右读取，但是可以使用括号对参与计算的元素进行分组，从而在一定程度上控制元素的计算顺序。

如果在一个公式中使用了多个运算符，则按下表中的顺序执行计算。所在行越靠前的运算符，计算的优先级越高。同一行中的运算符具有相同的优先级，按从左到右的顺序执行计算。例如，如果某个表达式同时包含一个乘法运算符和一个除法运算符，则这两个运算符按照在该表达式中出现的顺序，从左到右进行计算。

运算符	说明
^	求幂
-	负号
* 和 /	乘法和除法
+ 和 -	加法和减法
&	文本串联
=、<、>、<=、>=、<>	比较

DAX 公式中的运算符优先级与 Excel 的基本相同，但要注意的是，DAX 公式不支持某些 Excel 运算符，如 % 运算符。因此，在从 Excel 向 Power BI Desktop 中复制、粘贴公式前，一定要仔细检查公式，因为公式中的某些运算符或元素可能无效。如果不能准确判断计算顺序，建议使用括号控制计算顺序，以得到明确的计算结果。

3. DAX 函数

DAX 语言中有 200 多个函数，为创建公式提供了极大的方便性和灵活度，可以满足几乎所有的数据分析需求。下表列出了一些常用的 DAX 函数。

函数类别	函数说明	常用函数
日期和时间函数	类似于 Excel 中的日期和时间函数	CALENDAR DATE DAY NOW TODAY WEEKDAY YEAR
时间智能函数	能够使用时间段（包括日、月、季度和年）对数据进行操作，然后生成和比较针对这些时段的计算，以满足商业智能分析的需要	CLOSINGBALANCEYEAR PARALLELPERIOD PREVIOUSDAY SAMEPERIODLASTYEAR STARTOFYEAR TOTALMTD
筛选器函数	返回特定数据类型、在相关表中查找值及按相关值进行筛选	CALCULATE ALL DISTINCT EARLIER EARLIEST RELATED
信息函数	查找作为参数提供的表或列，并且指示值是否与预期的类型匹配	ISBLANK ISERROR ISNONTEXT ISNUMBER ISTEXT

续表

函数类别	函数说明	常用函数
逻辑函数	返回表达式中有关值或集的信息	AND IF IFERROR NOT OR SWITCH
数学和三角函数	类似于 Excel 中的数学和三角函数。但是，DAX 函数使用的数值数据类型存在一些差别	ABS CURRENCY INT RAND ROUND SUM
统计函数	用于创建聚合，如计数、求平均值或最小值 / 最大值	ADDCOLUMNS AVERAGE COUNT COUNTA COUNTBLANK MAX MIN ROW
文本函数	用于提取、搜索或连接文本，设置文本格式等	BLANK CONCATENATE FORMAT REPLACE SEARCH UPPER
其他函数	完成上述函数无法完成的操作	DATATABLE ERROR GENERATESERIES NATURALINNERJOIN SUMMARIZECOLUMNS UNION

熟悉 Excel 函数的人会发现有很多 DAX 函数与 Excel 函数相似，但是，DAX 函数具有以下不同之处：

- DAX 函数始终引用完整的列或表，而不会引用单元格或单元格区域；
- 许多 DAX 函数返回的是表而不是值。

这里推荐一个 DAX 函数索引网站，网址为：https://dax.guide/。在该网站中，可以方便快捷地搜索 DAX 函数，查看每个函数的功能介绍和语法格式，以及功能相似的相关函数，对 DAX 语言的初学者来说非常有用。

5.2 度量值：移动的公式

度量值是用 DAX 公式创建的一个只显示名称而无实际数据的字段，它不仅能完成一些常见的数据统计工作，如计数、求和、求平均值、求最小值或最大值，而且能使用复杂公式完成更高级的计算。度量值不会改变源数据和数据模型，也不会占用报表的内存，只有在使用度量值创建可视化效果时才会执行计算。本节将只介绍使用 DAX 公式创建度量值的方法，度量值的实际使用效果将在第 8 章讲解。

❶切换至数据视图，❷在"建模"选项卡下单击"新建度量值"按钮，❸此操作将打开公式编辑栏，并在公式编辑栏中出现一个度量值名称，❹在"字段"窗格中也会出现一个名为"度量值"的字段，如下图所示。

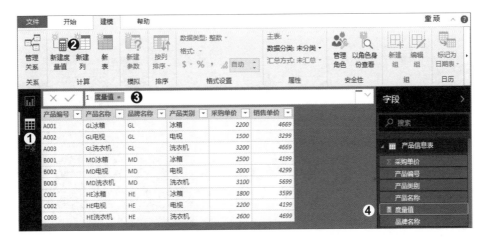

随后就可以在公式编辑栏中输入定义度量值的 DAX 公式。❶如果对原有的度量值名称不满意，可更改度量值名称，此处更改为"销售总额"，在名称后输入"="及要使用的 DAX 函数的首字母，如"s"，此时会显示以该字母开头的 DAX 函数列表，将鼠标指针放置在列表中的某个函数上时，还会显示该函数的功能介绍，❷双击要使用的 DAX 函数，如"SUM"函数，如下图所示。

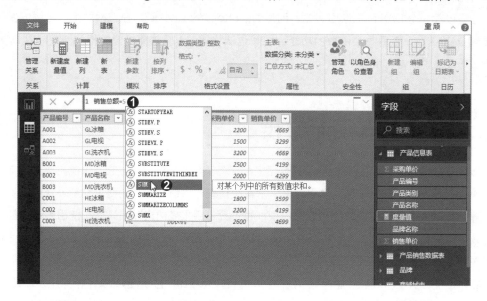

❶此时可看到该函数的语法结构和参数的提示信息，且自动列出 Power BI Desktop 中已有的列，❷双击要用于计算的列，如"'产品销售数据表'[销售额]"，如下图所示。

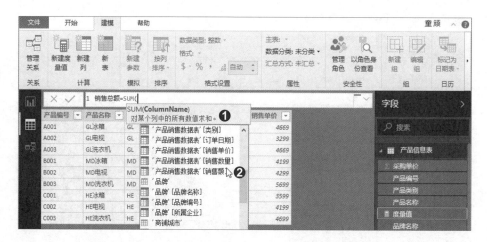

如果还要在公式中插入列，可继续应用相同的方法插入。❶这里要结束函数的输入，故输入英文状态下的"）"，按【Enter】键，❷在"字段"窗格中可看到创建的名为"销售总额"的度量值。❸如果要将度量值移动到其他数据表中，可在"建模"选项卡下单击"主表"按钮，在展开的列表中选择要移动到的数据表，如下图所示。

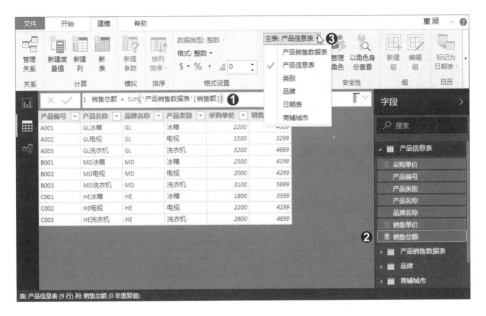

完成上述度量值的创建后，可能读者还是不明白该度量值有什么用。其实，简单来说，度量值就是移动的公式，在进行数据可视化时，可以使用同一个度量值配合不同的引导列，展示不同的数据。

下面就来使用上面创建的度量值 [销售总额] 在不同的引导列下进行数据的可视化。❶在"可视化"窗格中选择"表"视觉对象，❷在"字段"窗格中勾选度量值 [销售总额] 和"产品销售数据表"中的"产品名称"列，如下左图所示，得到的视觉对象如下右图所示。

产品名称	销售总额
GL冰箱	99613115
GL电视	15691544
GL洗衣机	44658985
HE冰箱	39659181
HE电视	21230144
HE洗衣机	20019231
MD冰箱	96605515
MD电视	36421880
MD洗衣机	36217145
总计	**410116740**

❶在"可视化"窗格中继续选择"表"视觉对象,❷在"字段"窗格中勾选度量值 [销售总额] 和"产品销售数据表"中的"商铺城市"列,如下左图所示,得到的视觉对象如下右图所示。

商铺城市	销售总额
成都市	54395210
金华市	91232618
厦门市	95951109
上海市	34850256
深圳市	34624906
苏州市	17101650
长沙市	40757038
重庆市	41203953
总计	**410116740**

对比两个视觉对象可发现，虽然使用了同一个度量值，但是因为引导列不同，所以得到了不同的数据可视化效果，一个按产品统计了销售总额，另一个按商铺所在城市统计了销售总额。

度量值是可以循环使用的，即在创建一个新的度量值时，可以直接调用已有的度量值。因此，建议从最简单的度量值开始创建。

5.3 新建列: 为多个表建立关系

计算列是通过计算进行定义而创建的新列，可转换或合并现有数据表中的两个或多个列，也可以使用 DAX 函数建立新列。当两个表之间没有可建立关系的列时，使用新建列功能及 DAX 公式可连接表中两个不同但相关的列，或者提取列，从而为两个表建立数据关系。

如下图所示，❶切换至模型视图，❷可发现"产品销售数据表"和"产品信息表"之间没有数据关系。

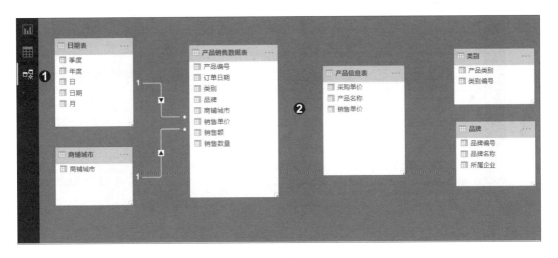

要建立数据关系，两个表之间就必须存在可以建立关系的列。切换至数据视图，在"字段"窗格中分别查看"产品信息表"和"产品销售数据表"，如下图所示，可发现两个表之间虽然没有可以建立关系的列，但可以将"产品销售数据表"中的"品牌"和"类别"列合并为一列，从而与"产品信息表"中的"产品名称"列建立关系。

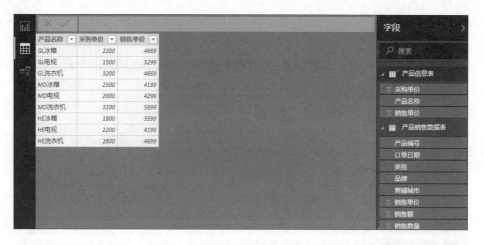

❶在"字段"窗格中切换至"产品销售数据表"，❷在"建模"选项卡下单击"新建列"按钮，在打开的公式编辑栏中可看到一个名为"列"的列。❸此时新建的列会像其他列一样显示在"字段"窗格中，且带有与度量值不同的图标，如下图所示。

❶在公式编辑栏中更改列名为"产品名称"，在等号后输入"["，❷在自动弹出的列表中双击要插入的列，如"[品牌]"，如下图所示。

❶继续在公式编辑栏中输入公式内容，得到一个完整的公式"产品名称 = [品牌]&"-"&[类别]"，按【Enter】键，❷即可看到新建的列"产品名称"，如下图所示。

如果不想让"品牌"和"类别"合并后的新列中存在连接符号，可使用公式"产品名称 = [品牌]&[类别]"，得到的新列也可以为两个表建立关系。

❶随后切换至模型视图，❷将"产品销售数据表"数据块中的"产品名称"列拖动到"产品信息表"数据块中的"产品名称"列上，即可看到两个原本没有关系的表之间建立了多对一的关系，如下图所示。

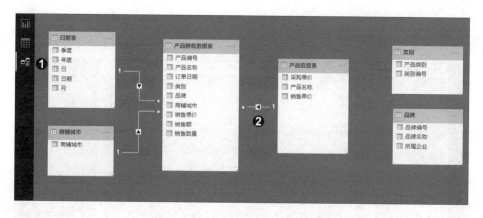

新建列功能除了用于为两个表建立关系，还可用于为表建立需要的列。❶启用"新建列"功能，在公式编辑栏中输入公式"销售等级 = IF([销售额]>=100000,"优",IF([销售额]>=50000,"良","差"))"，按【Enter】键，❷即可看到新建的"销售等级"列，该列会自动根据公式设置的条件为销售额划分等级，如下图所示。

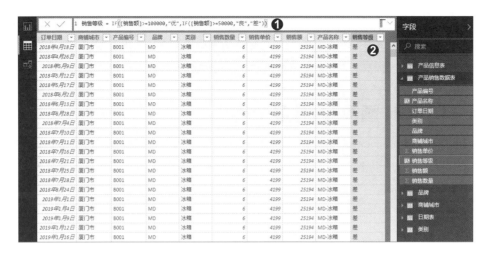

通过以上操作，可以发现新建列功能与 4.1 节中介绍的 Power Query 编辑器的添加列功能有相似之处，但它们得到的结果有所不同。用新建列功能创建的列会自动添加到数据视图下的表中，但不会添加到 Power Query 编辑器中，也就是说不会添加到数据源中。

新建的列和度量值都可以添加到可视化效果中，但是相对于具有"移动公式"之称的度量值来说，新建的列只能存在于创建时所在的表中，无法随意移动位置。

使用度量值还是新建列可根据内容来判断。因为度量值输出的是值，所以对于"品牌""类别"等属性类信息，就不能使用度量值来输出，而只能使用新建列来输出。但是在实际工作中，建议能用度量值解决的问题应尽量用度量值来解决，因为它不占内存空间，存储的只是计算逻辑。新建列一般是在建立表关系或作为筛选条件时才会使用，因为它要占用内存空间，会降低整个报表的运算速度。

5.4 新表: 利用 DAX 函数构建新表

通常情况下，在 Power BI Desktop 中进行分析的各种数据表都是从外部的各种数据源导入进来的。第 4 章还介绍了利用 Power Query 编辑器对表进行合并和追加操作的方法。本节要介绍的则是利用新表功能，基于已加载到模型中的数据，通过合并、联结、提取等 DAX 函数，构建出新的数据表。

与其他方式添加的表一样，用 DAX 函数构建的新表可以用来跟其他表建立表关系，可以对列进行重命名，并且可以用于制作可视化效果。如果用于构建新表的数据表以任何形式进行了刷新或更新，新表将被重新计算。下面就来看看用 DAX 函数构建新表的几种常见使用场景。

5.4.1　UNION 函数：合并多个表

在 4.3 节使用 Power Query 编辑器中的追加查询功能合并了多个数据结构相同的表，其实还可以使用 DAX 函数来合并多个表。本小节将利用 UNION 函数合并 1—6 月的采购数据表，以便查看整个上半年的采购情况。下面先介绍该函数的功能、语法和参数。

UNION 函数可将 Power BI Desktop 中导入的多个表合并成一个新表，该函数的语法和参数含义如下所示。

UNION(<table_expression1>, <table_expression2>[, <table_expression>]…)

参数	描述
table_expression	可以返回一个表的 DAX 公式，通常是参与合并的表名

UNION 函数在合并表时遵循以下规则：

- 要合并的多个表的列数量必须相同；
- 要合并的多个表的列名可以不一致，默认以第一个表的列名作为新表的列名；
- 表的合并是按列的顺序进行的，即各表的第一列依次连接在一起，第二列依次连接在一起，依次类推，因此，为了让合并得到的新表有意义，要合并的各表的各对应列最好要具有相同的数据意义和数据类型；
- 重复的行会被保留。

❶切换至数据视图，❷在"建模"选项卡下单击"新表"按钮，❸在公式编辑栏中输入公式"上半年采购表 = UNION('1月','2月','3月','4月','5月','6月')"，按【Enter】键，❹即可看到自动将 1—6 月的采购数据合并到新建的"上半年采购表"中，如下图所示。

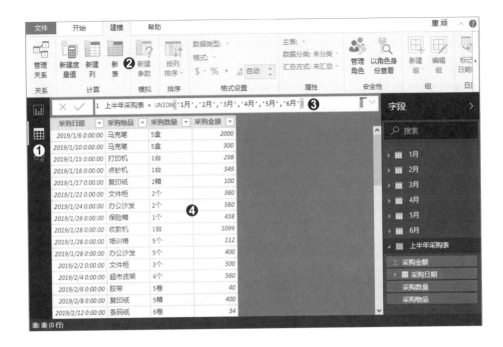

5.4.2　NATURALINNERJOIN 函数：合并联结两个表

在 5.3 节中，使用了 Power Query 编辑器中的合并查询功能将两个表通过某个列进行了合并联结，本小节将使用新表功能结合 DAX 语言中的 NATURALINNERJOIN 函数来实现相同的效果。

NATURALINNERJOIN 函数可将两个表的内容合并联结，这两个表不必具有相同的结构，只需存在具有相同内容的公共列，但这个公共列的列名不能相同。如果这两个表没有公共列，则会返回错误值。该函数的参数就是两个表的表名，不过有前后之分，第一个表是基础表，第二个表是联结表，实现的效果有点类似 Excel 中的 VLOOKUP 函数。该函数的语法和参数含义如下所示。

NATURALINNERJOIN(<leftJoinTable>, <rightJoinTable>)

参数	描述
leftJoinTable	合并联结的第一个表的表名，称为基础表
rightJoinTable	合并联结的第二个表的表名，称为联结表

要想合并联结两个表中的数据，首先需要在两个表中存在同类列或在两个表之间存在数据关系。如下图所示，"采购表"和"产品销售数据表"之间因为"产品编号"列而存在多对一的数据关系。

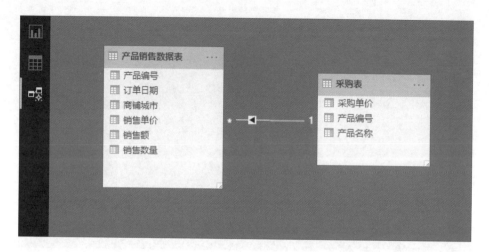

❶切换至数据视图，❷在"建模"选项卡下单击"新表"按钮，❸在公式编辑栏中输入"合并联结表 = NATURALINNERJOIN('产品销售数据表','采购表')"，按【Enter】键后，提示无法完成合并，如下图所示。

　　这是因为联结表关系的列虽然需要是同类列，但名称不能完全相同，所以需要为任意一个表中的同类列更改名称，如将"采购表"中的"产品编号"更改为"编号"，如下图所示。

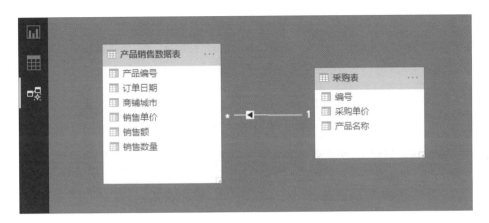

　　保持公式编辑栏中的公式不变，按【Enter】键，可看到"采购表"中的"编号"列与"产品销售数据表"中的"产品编号"列匹配，将"采购表"中的"产品名称""采购单价"与"产品销售数据表"中的所有数据内容都显示在了新建的"合并联结表"中，如下图所示。

![合并联结表截图]

5.4.3 DISTINCT 函数：提取维度表

要将现有表的某个列的数据提取出来放在一个新表中，可使用 DAX 语言中的 DISTINCT 函数来实现。

DISTINCT 函数可创建仅有一列的一个表，该列的内容提取自已有表中指定列的非重复值。该函数所实现的效果类似于 3.3 节中介绍的 Power Query 编辑器的将列转换为表功能。该函数的语法和参数含义如下所示。

DISTINCT(<column>)

参数	描述
column	要提取的列

下图所示为数据视图下"产品销售数据表"中的数据内容，现要将该表中的"商铺城市"列数据提取出来并放在一个新表中。

❶在"建模"选项卡下单击"新表"按钮，启动新表功能，❷在公式编辑栏中输入公式"商铺城市 = DISTINCT('产品销售数据表'[商铺城市])"，按【Enter】键，❸可看到新建的表"商铺城市"，该表的内容是从"产品销售数据表"中提取的"商铺城市"列的非重复值，如下图所示。

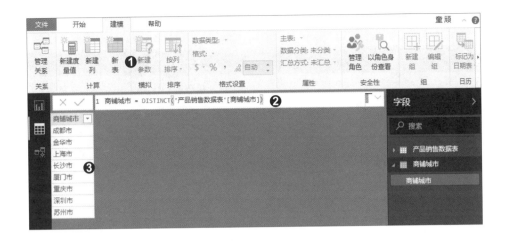

5.4.4 ADDCOLUMNS / CALENDAR / FORMAT 函数：生成日期表

如果数据模型中没有日期表，可以直接使用多个 DAX 函数嵌套在一起新建一个日期表，这样就不必再去找一个日期表导入 Power BI Desktop 中了。涉及的函数主要有 ADDCOLUMNS、CALENDAR、FORMAT 及一些比较简单的日期和时间函数。下面主要介绍 ADDCOLUMNS、CALENDAR、FORMAT 这 3 个函数的功能、语法和参数。

ADDCOLUMNS 函数用于给指定的表添加计算列。该函数的语法和参数含义如下所示。

ADDCOLUMNS(<table>, <name>, <expression>[, <name>, <expression>]…)

参数	参数含义
table	要添加新列的表
name	新列的列名
expression	添加新列的表达式

CALENDAR 函数用于新建表，该表会包含一个名为 "Date" 的列，该列包含从指定的开始日期到指定的结束日期的连续日期数据。该函数的语法和参数含义如下所示。

CALENDAR(<start_date>, <end_date>)

参数	参数含义
start_date	开始日期（需为日期格式）
end_date	结束日期（需为日期格式）

FORMAT 函数可将指定列中的数据转换为指定格式。该函数的语法和参数含义如下所示。

FORMAT(<value>, <format_string>)

参数	参数含义
value	要转换格式的列的列名
format_string	带有格式化模板的字符串

❶启动新表功能，❷在公式编辑栏中输入公式"日期表 = ADDCOLUMNS(CALENDAR(DATE (2018,1,1), DATE(2019,12,31)), "年度", YEAR([Date]), "月份", FORMAT([Date], "MM"), "年月", FORMAT ([Date], "YYYY/MM"), "季度", "Q"&FORMAT([Date], "Q"), "年份季度", FORMAT([Date], "YYYY")&"/Q"& FORMAT([Date], "Q"))"，由于公式很长，函数的嵌套层次也比较复杂，为便于理解，在输入公式时用【Alt+Enter】组合键在公式中添加换行，最后按【Enter】键，❸即可看到生成的标准日期表，如下图所示。

生成日期表的 DAX 公式看着很长，其实并不难理解。第 2 行利用 CALENDAR 函数生成一个包含连续日期数据的表，作为 ADDCOLUMNS 函数的 <table> 参数，其中利用了 DATE 函数生成日期格式数据，作为开始日期和结束日期。第 3 ～ 7 行分别指定新列的列名和值的表达式。其中，第 3 行利用 YEAR 函数从日期数据中提取年份值，第 4 ～ 7 行则利用 FORMAT 函数将日期数据转换为指定格式，从而得到所需的月份、年月、季度、年份季度等值。最终 ADDCOLUMNS 函数利用上述参数返回了一个日期表。

此时可以看到生成的日期表数据未按照"Date"列做升序排列，❶因此单击"Date"列名右侧的下三角按钮，❷在展开的列表中单击"以升序排序"选项，如下图所示。

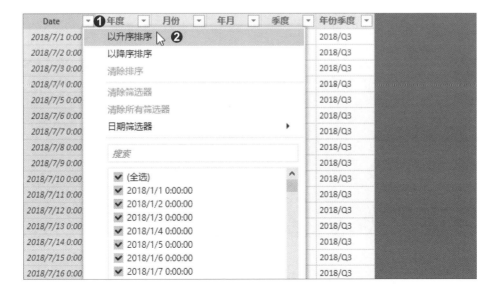

5.4.5 ROW/ BLANK 函数：新增空表

当模型中创建的度量值较多时，为便于使用和管理度量值，可新建一个空表专门用于放置度量值。本小节将利用 ROW 和 BLANK 函数新建一个空表，并将创建的度量值移动到该表中。其中，BLANK 函数用于返回空白值，该函数没有参数，语法为：BLANK()。

ROW 函数用于返回一个只有一行的表。该函数的语法和参数含义如下所示。

$$\text{ROW(<name>, <expression>[[,<name>, <expression>]\cdots])}$$

参数	参数含义
name	新行的列的列名
expression	新行的列值表达式

启动新表功能，❶在公式编辑栏中输入公式"度量值表 = ROW("度量值", BLANK())"，按【Enter】键，❷即可看到"字段"窗格中新增的"度量值表"，如下图所示。此外，在"开始"选项卡下单击"输入数据"按钮，也可新增空白表。

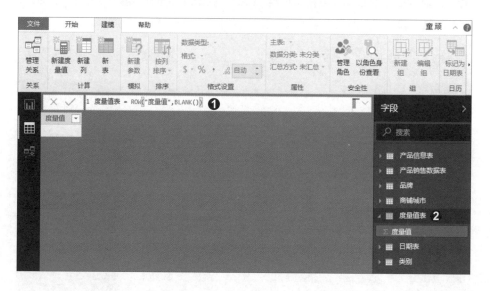

使用5.2节中介绍的移动度量值方法,将在其他表中创建的度量值[销售总额]移动到新建的"度量值表"中，最终效果如下图所示。

第 6 章

最常用也是最好用的
——DAX 进阶函数

新手刚开始学习 DAX 函数时总会遇到各种问题，大部分都是由于没有准确理解 DAX 函数的参数规范而导致的，例如，函数的参数要求为表时却没有用表，要求为列时却没有用列。本章将以 Power BI Desktop 中最典型也是最常用的几个 DAX 函数，如 CALCULATE 和 SUMX 等函数为突破口，结合案例详细介绍这些函数的语法和参数含义，帮助读者快速熟悉 DAX 函数的用法。

6.1 CALCULATE 函数: 实现 DAX 功能的引擎

CALCULATE 是 DAX 语言中最复杂、最灵活、最强大的函数, 在数据建模时经常会用到, 可以说它就是实现 DAX 功能的引擎。

微软的官方文档中对 CALCULATE 函数的解释是: 在指定筛选器修改的上下文中计算表达式。这样的解释让人难以理解。实际上, CALCULATE 函数在某种程度上可以看成是 Excel 中的 SUMIF 函数的增强版, 它能够在特定筛选条件的基础上对数据进行计算, 常常与聚合函数组合使用。聚合指的是通过某种数学方式合并数据中的值, 数学方式可以是求和、求平均值、求最大值、计数等, 常用的 SUM、AVERAGE、MAX、COUNTROWS 等函数就被称为聚合函数。

CALCULATE 函数的语法和参数含义如下所示。

CALCULATE(\<expression\>, \<filter1\>, \<filter2\>···)

参数	描述
expression	必需参数, 要进行计算的表达式, 可以执行各种聚合运算
filter1, filter2···	可选参数, 是一系列筛选条件, 可以为空; 如果有多个筛选条件, 用逗号分隔; 所有筛选条件的交集形成最终的筛选数据集合, 然后根据数据集合执行由 expression 参数指定的聚合运算并返回运算结果

案例 | 列出不同筛选条件下的产品销售数量

下图所示为导入 Power BI Desktop 中的产品销售数据表, 可看到产品在每个订单日期下的销售数量和销售额等数据。现要统计每种产品的销售数量、HE 品牌的销售数量及各个产品的销售数量占比, 可以使用 CALCULATE 函数来完成操作。

订单日期 ▼	商铺城市 ▼	产品编号 ▼	品牌 ▼	类别 ▼	产品名称 ▼	销售数量 ▼	销售单价 ▼	销售额 ▼
2018年4月18日	厦门市	B001	MD	冰箱	MD冰箱	6	4199	25194
2018年4月26日	厦门市	B001	MD	冰箱	MD冰箱	6	4199	25194
2018年5月9日	厦门市	B001	MD	冰箱	MD冰箱	6	4199	25194
2018年5月12日	厦门市	B001	MD	冰箱	MD冰箱	6	4199	25194
2018年5月17日	厦门市	B001	MD	冰箱	MD冰箱	6	4199	25194
2018年6月2日	厦门市	B001	MD	冰箱	MD冰箱	6	4199	25194
2018年6月13日	厦门市	B001	MD	冰箱	MD冰箱	6	4199	25194
2018年6月28日	厦门市	B001	MD	冰箱	MD冰箱	6	4199	25194
2018年7月4日	厦门市	B001	MD	冰箱	MD冰箱	6	4199	25194
2018年7月10日	厦门市	B001	MD	冰箱	MD冰箱	6	4199	25194
2018年7月11日	厦门市	B001	MD	冰箱	MD冰箱	6	4199	25194
2018年7月16日	厦门市	B001	MD	冰箱	MD冰箱	6	4199	25194
2018年7月21日	厦门市	B001	MD	冰箱	MD冰箱	6	4199	25194
2018年7月25日	厦门市	B001	MD	冰箱	MD冰箱	6	4199	25194
2018年7月28日	厦门市	B001	MD	冰箱	MD冰箱	6	4199	25194
2018年8月24日	厦门市	B001	MD	冰箱	MD冰箱	6	4199	25194
2019年1月1日	厦门市	B001	MD	冰箱	MD冰箱	6	4199	25194

表: 产品销售数据表 (12,960 行)

首先，使用 SUM 函数新建一个度量值 [产品销售数量]，对"销售数量"列进行求和，后续操作中 CALCULATE 函数要使用该度量值。❶在"建模"选项卡下单击"新建度量值"按钮，❷在公式编辑栏中输入公式"产品销售数量 = SUM('产品销售数据表'[销售数量])"，如下图所示，按【Enter】键，完成该度量值的创建。

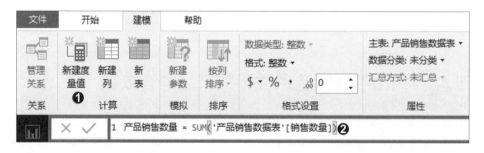

切换至报表视图，❶在"可视化"窗格中选择"表"视觉对象，❷在"字段"窗格中勾选"产品名称"列和度量值 [产品销售数量] 复选框，如下左图所示。对制作的视觉对象进行格式设置，得到如下右图所示的效果。在该视觉对象中，列出了"产品销售数据表"中各个产品的销售数量统计数据。

随后，开始使用 CALCULATE 函数创建一个筛选条件为空的度量值 [产品销售数量1]。❶启动新建度量值功能，❷在公式编辑栏中输入公式"产品销售数量1 = CALCULATE([产品销售数量])"，如下图所示。

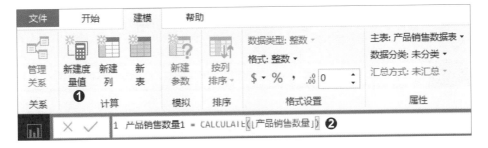

这个创建度量值的公式等同于"产品销售数量1 = CALCULATE(SUM('产品销售数据表'[销售数量]))"。这里之所以要先创建一个度量值再对其进行引用，是因为这样可以让公式看起来更简洁、更好理解。

因为公式中的 CALCULATE 函数只有一个参数，没有给出筛选条件，所以只会进行由唯一的参数，即度量值 [产品销售数量] 指定的聚合运算，也就是说，度量值 [产品销售数量1] 和 [产品销售数量] 在本质上是相同的。将度量值 [产品销售数量1] 添加到之前制作的"表"视觉对象中后，得到的统计数据和度量值 [产品销售数量] 相同，如下图所示。

产品名称	产品销售数量	产品销售数量1
GL冰箱	21335	21335
GL电视	4753	4753
GL洗衣机	9565	9565
HE冰箱	11021	11021
HE电视	5056	5056
HE洗衣机	4283	4283
MD冰箱	23002	23002
MD电视	10120	10120
MD洗衣机	6355	6355
总计	**95490**	**95490**

　　继续新建　个度量值 [产品销售数量2]，如下图所示，在公式编辑栏中输入公式"产品销售数量2 = CALCULATE([产品销售数量],'产品销售数据表'[品牌]="HE")"。

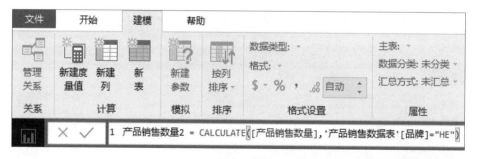

　　将度量值 [产品销售数量2] 添加到"表"视觉对象中，效果如右图所示。可看到只显示了品牌为 HE 的统计数据，这是因为公式中为 CALCULATE 函数添加了筛选条件参数，只对品牌为 HE 的数据进行聚合运算。

产品名称	产品销售数量	产品销售数量1	产品销售数量2
GL冰箱	21335	21335	
GL电视	4753	4753	
GL洗衣机	9565	9565	
HE冰箱	11021	11021	11021
HE电视	5056	5056	5056
HE洗衣机	4283	4283	4283
MD冰箱	23002	23002	
MD电视	10120	10120	
MD洗衣机	6355	6355	
总计	**95490**	**95490**	**20360**

新建一个度量值 [产品销售数量3]，如下图所示，在公式编辑栏中输入公式"产品销售数量3 = CALCULATE([产品销售数量], ALL('产品销售数据表'))"。

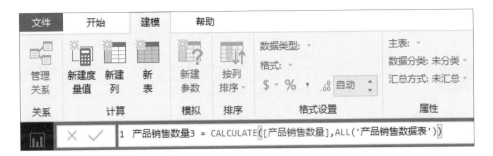

将度量值 [产品销售数量3] 添加到"表"视觉对象中，可发现该度量值统计的是所有产品的数据，如下图所示。这是因为筛选条件中使用了 ALL 函数，ALL('产品销售数据表') 的作用是清除"产品销售数据表"里的所有筛选，也就是说，外部筛选器不起作用了，所以每行统计的都是该表中所有产品的数据。ALL 函数的详细用法将在 6.7 节中介绍。

产品名称	产品销售数量	产品销售数量1	产品销售数量2	产品销售数量3
GL冰箱	21335	21335		95490
GL电视	4753	4753		95490
GL洗衣机	9565	9565		95490
HE冰箱	11021	11021	11021	95490
HE电视	5056	5056	5056	95490
HE洗衣机	4283	4283	4203	95490
MD冰箱	23002	23002		95490
MD电视	10120	10120		95490
MD洗衣机	6355	6355		95490
总计	95490	95490	20360	95490

上图中，度量值 [产品销售数量3] 的运算结果直接应用在视觉对象中看起来似乎没什么意义，其实这个度量值在计算每种产品的销售数量占比时会非常有用。新建一个度量值 [产品销售占比]，如下图所示，在公式编辑栏中输入公式"产品销售占比 = [产品销售数量]/[产品销售数量3]"。

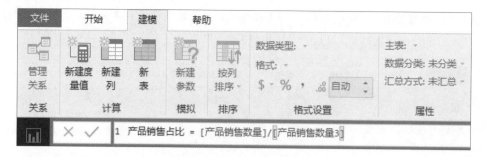

然后将度量值[产品销售占比]添加到"表"视觉对象中，即可看到各种产品的销售数量占比情况，如下图所示。

产品名称 ▲	产品销售数量	产品销售数量1	产品销售数量2	产品销售数量3	产品销售占比
GL冰箱	21335	21335		95490	0.22
GL电视	4753	4753		95490	0.05
GL洗衣机	9565	9565		95490	0.10
HE冰箱	11021	11021	11021	95490	0.12
HE电视	5056	5056	5056	95490	0.05
HE洗衣机	4283	4283	4283	95490	0.04
MD冰箱	23002	23002		95490	0.24
MD电视	10120	10120		95490	0.11
MD洗衣机	6355	6355		95490	0.07
总计	**95490**	**95490**	**20360**	**95490**	**1.00**

通过以上操作，不难理解 CALCULATE 函数的计算逻辑：根据从第二个参数开始指定的筛选条件，得到一个数据集合，然后对这个数据集合执行第一个参数指定的聚合运算。这一过程和 DAX 语言要实现的功能类似，即提取有用数据并执行聚合运算。所以可以说 CALCULATE 函数几乎就是 DAX 语言本身，这也就是本节开头所说的，CALCULATE 函数是实现 DAX 功能的引擎。在后面的数据分析过程中基本都离不开 CALCULATE 函数。

6.2 SUMX 函数：完成列数据的逐行求和

在 DAX 函数中，有一系列后缀为 X 的函数，如 SUMX、AVERAGEX、MAXX、MINX 等。本节以 SUMX 函数为例，详细介绍该类函数的用法。

SUMX 函数用于对列数据进行逐行求和。该函数可以在单个列上运行，也可以在多个列上运行。它只会计算列中的数字，空白值、逻辑值和文本将被忽略。

SUMX 函数的语法和参数含义如下所示。

SUMX(<table>, <expression>)

参数	描述
table	要进行运算的表
expression	对表中每一行进行运算的表达式

案例 | 创建度量值统计销售额

SUMX 函数最简单也最常见的用法就是完成"销售额 = [价格]*[数量]"这类运算。下面先不使用 SUMX 函数来统计销售额。❶在数据视图下，启动新建列功能，❷在公式编辑栏中输入公式"销售额 = [销售单价]*[销售数量]"，❸可看到表中增加了一个"销售额"列，如下图所示。

❶随后启动新建度量值功能，❷在公式编辑栏中输入公式"销售总额1 = SUM('产品销售数据表'[销售额])"，❸即可在"字段"窗格中看到新建的度量值 [销售总额1]，如下图所示。

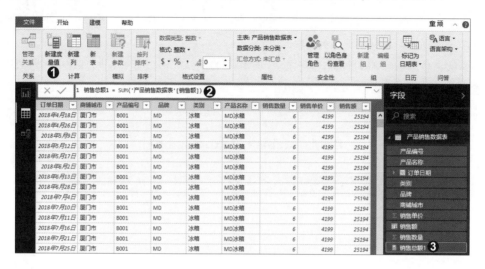

接下来使用 SUMX 函数统计销售额。启动新建度量值功能，在公式编辑栏中输入公式"销售总额2 = SUMX('产品销售数据表', [销售单价]*[销售数量])"，如下图所示。

创建度量值 [销售总额1] 的公式的计算过程分为三步：首先，SUMX 函数对由第一个参数指定的"产品销售数据表"进行逐行扫描；随后，使用由第二个参数指定的表达式 [销售单价]*[销售数量] 对每一行执行运算，例如，第一行为"6*4199=25194"，依次类推，每一行都返回一个运算结果；最后，SUMX 函数将每一行返回的运算结果相加，得到最终的度量值。

切换至报表视图，在"可视化"窗格中选择"表"视觉对象，然后在"字段"窗格中勾选"产品名称"列和创建的两个度量值 [销售总额1] 和 [销售总额2]，适当设置视觉对象的格式，得到如下图所示的效果。可以发现两个度量值的计算结果相同。

产品名称	销售总额1	销售总额2
GL冰箱	99613115	99613115
GL电视	15680147	15680147
GL洗衣机	44658985	44658985
HE冰箱	39664579	39664579
HE电视	21230144	21230144
HE洗衣机	19997327	19997327
MD冰箱	96585398	96585398
MD电视	36421880	36421880
MD洗衣机	36217145	36217145
总计	410068720	410068720

由这个案例可以看出，DAX 公式很灵活，能够使用不同的方法达到相同的目的。但是对比两种方法，第二种方法更好。第一种方法需要新建计算列，计算列在创建后就会把整列数据存储在报表文件中，会增大文件的体积。当数据行数较少时可能影响不大，但是如果数据较多，如有几百万行，那就意味着要增加几百万个数据，会大大影响整个报表的运算速度。而第二种方法仅使用函数新建度量值，只有在将度量值应用到图表中时才会执行计算和显示结果，效率更高。所以，本书建议尽量不要使用添加计算列的方法新建度量值。

其他后缀为 X 的函数，如 AVERAGEX、MAXX、MINX，工作原理是一样的，区别在于最后的计算不是求和，而是求平均值、最大值、最小值，由于使用方法类似，这里就不再分别讲解了。

6.3　SUMMARIZE 函数：建立汇总表

SUMMARIZE 函数也是一个功能非常强大的函数。SUMMARIZE 是汇总、总结的意思，顾名思义，SUMMARIZE 函数的功能就是汇总，它可以返回一个汇总表。

SUMMARIZE 函数的语法和参数含义如下所示。

SUMMARIZE(<table>, <groupBy_columnName>[, <groupBy_columnName>]…[, <name>, <expression>]…)

参数	描述
table	要进行汇总的表
groupBy_columnName	可选参数，为要提取不重复数据的列
name	汇总后的列名，必须用双引号括起来
expression	汇总列的表达式

案例　汇总产品在各城市的销售额

下图所示为"产品销售数据表"中的数据，现要提取出不重复的产品名称并将其放置在一个单独的表中，可使用 SUMMARIZE 函数来实现。该函数还可以结合其他函数对提取的列进行汇总计算。

❶启动新表功能，❷在公式编辑栏中输入公式"表1 = SUMMARIZE('产品销售数据表', '产品销售数据表'[产品名称])"。当 SUMMARIZE 函数的第一个参数是表，第二个参数是列时，会返回该列的不重复数据，❸在新建的"表1"中可看到提取出的不重复的产品名称数据，如下图所示。

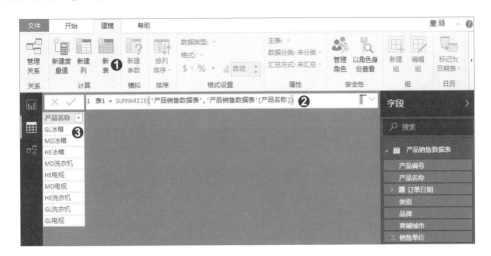

SUMMARIZE 函数还可以继续添加参数。如下图所示，再次启动新表功能，❶在公式编辑栏中输入公式"表2 = SUMMARIZE('产品销售数据表', '产品销售数据表'[产品名称], '产品销售数据表'[商铺城市])"。❷在新建的"表2"中可看到提取出的产品名称和商铺城市数据，由于有 9 种产品和 8 个商铺城市，且每个产品在每个城市都有对应的销售数据，所以在窗口左下角可看到"表2"的总行数为 72，如下图所示。

如果要使用 SUMMARIZE 函数创建汇总表，则需要在函数中继续添加参数。启动新表功能，❶在公式编辑栏中输入公式"汇总表1 = SUMMARIZE('产品销售数据表', '产品销售数据表'[产品名称], '产品销售数据表'[商铺城市], "销售金额合计", SUM('产品销售数据表'[销售额]))"，❷在创建的"汇总表1"中可看到各个产品在各个商铺城市的销售金额合计值，如下图所示。

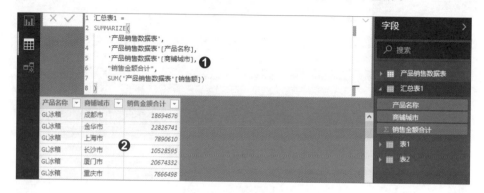

如果想要在汇总表中查看各个产品在全部商铺城市的销售金额合计及全部产品的销售金额合计，可在上面的公式中嵌套一个 ROLLUP 函数。启动新表功能，❶在公式编辑栏中输入公式"汇总表2 = SUMMARIZE('产品销售数据表', ROLLUP('产品销售数据表'[产品名称], '产品销售数据表'[商铺城市]), "销售金额合计", SUM('产品销售数据表'[销售额]))"，❷然后拖动数据区域右侧的滚动条至最下方，可看到在汇总表的底部多了几行合计值，如下图所示。这是因为 ROLLUP 函数在 SUMMARIZE 函数内部使用时，会为子类别计算小计值和总计值。

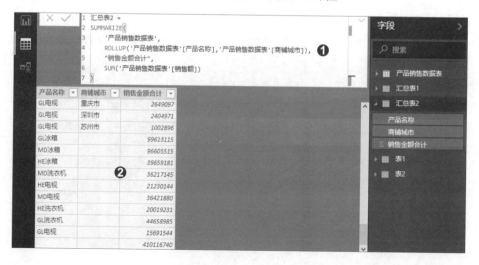

如果在"汇总表2"的公式中再嵌套一个 ROLLUPGROUP 函数,可以只返回总计值。启动新表功能,❶在公式编辑栏中输入公式"汇总表3 = SUMMARIZE('产品销售数据表', ROLLUP (ROLLUPGROUP('产品销售数据表'[产品名称], '产品销售数据表'[商铺城市])), "销售金额合计", SUM('产品销售数据表'[销售额]))",❷拖动数据区域右侧的滚动条至最下方,可看到各个产品的销售金额合计值不见了,只返回了全部产品的销售金额合计值,如下图所示。

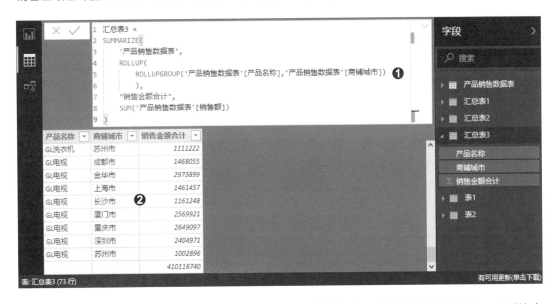

要创建"汇总表1"这样的汇总表,还可以使用其他方法。这里介绍两种方法,分别结合 ADDCOLUMNS 函数和 SUMMARIZECOLUMNS 函数来实现。

启动新表功能,❶在公式编辑栏中输入公式"汇总表 4 = ADDCOLUMNS(SUMMARIZE ('产品销售数据表', '产品销售数据表'[产品名称], '产品销售数据表'[商铺城市]), "销售金额合计", CALCULATE(SUM('产品销售数据表'[销售额])))"。❷该公式通过 ADDCOLUMNS 函数在 SUMMARIZE 函数生成的分组的基础上添加列来汇总销售金额,返回与"汇总表1"相同的结果,如下图所示。

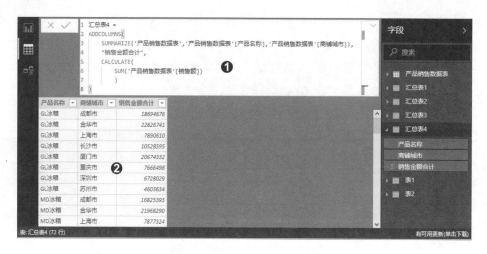

启动新表功能，❶在公式编辑栏中输入公式"汇总表5 = SUMMARIZECOLUMNS('产品销售数据表'[产品名称], '产品销售数据表'[商铺城市], "销售金额合计", CALCULATE(SUM('产品销售数据表'[销售额])))"，❷返回与"汇总表1"相同的结果，如下图所示。注意，SUMMARIZECOLUMNS函数的第一个参数不是表，而是分组列。

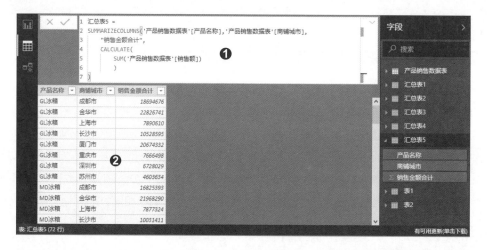

由上可知，汇总表的建立方法有很多种。在实际工作中，可根据自己对函数的掌握情况来决定使用哪种方法。

6.4 IF / SWITCH 函数: 分组数据

DAX 语言中的 IF 函数的用途与 Excel 中的 IF 函数基本一致，常用于检查指定的条件是否成立，并根据检查结果是 TRUE（成立）还是 FALSE（不成立），返回不同的值。IF 函数的语法和参数含义如下所示。

IF(<logical_test>, <value_if_true>[, <value_if_false>])

参数	描述
logical_test	计算结果为 TRUE 或 FALSE 的任何值或表达式
value_if_true	当 logical_test 为 TRUE 时返回的值
value_if_false	当 logical_test 为 FALSE 时返回的值。若省略，则返回空白

用 IF 函数可以完成单个条件的判断，如果要用 IF 函数实现多重条件判断，就必须层层嵌套，会让公式变得很复杂。因此，DAX 语言提供了 SWITCH 函数。相比于 IF 函数，SWITCH 函数不需要嵌套就能实现多重条件判断，在书写公式时不容易出错。

SWITCH 函数的语法和参数含义如下所示。

SWITCH(<expression>, <value>, <result>[, <value>, <result>]…[, <else>])

参数	描述
expression	任何返回单个标量值的 DAX 表达式，该表达式将计算多次
value	要与 expression 的结果匹配的常量值
result	当 expression 的结果与对应的 value 匹配时，要返回的值
else	当 expression 的结果与任何一个 value 都不匹配时，要返回的值

案例 | 将销售额分为优、良、差三个等级

工作中经常会遇到需要对一组数据进行分组的情况。例如，对员工的年龄进行分组，以了解员工的年龄结构；对销售价格进行分组，以分析每个价格区间的销量情况；对销售额进行分组，以分析每个销售额区间的等级分布情况。本案例以为销售额划分等级为例，学习用 IF 和 SWITCH 函数分组的方法。

先使用 IF 函数进行分组。❶启动新建列功能，❷在公式编辑栏中输入公式"销售等级1 = IF([销售额]>=200000, "优", IF([销售额]>=10000, "良", "差"))"，❸在新建的"销售等级1"列中即可看到销售额等级，如下图所示。

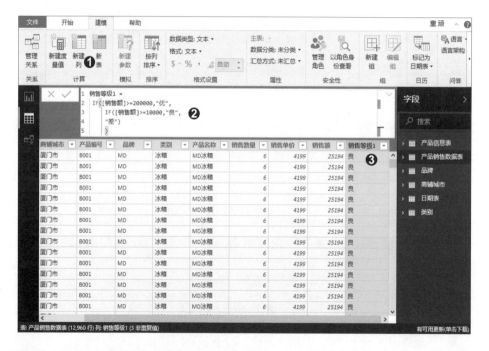

接着使用 SWITCH 函数进行分组。启动新建列功能，在公式编辑栏中输入公式"销售等级2 = SWITCH(TRUE(), [销售额]>=200000, "优", [销售额]>=10000, "良", "差")"，得到相同的分组效果，如下图所示。对比两个公式可以看出，使用 SWITCH 函数可让公式的层次更加清晰。

本案例中只有三个等级类型，使用 IF 函数书写公式还不那么让人头疼，但当等级类型较多时，使用 IF 函数书写公式就会很累赘，此时 SWITCH 函数的优势就体现出来了。

使用 IF 和 SWITCH 函数进行分组与 4.1.2 小节中的添加条件列异曲同工，具体使用哪种方法，可根据自己对方法的掌握情况来决定。

6.5 RELATED/RELATEDTABLE函数: 单条件数据匹配

Excel 中的 VLOOKUP 函数可以在两个表之间匹配数据，在 DAX 语言中有一个和 VLOOKUP 函数功能很相似的 DAX 函数——RELATED 函数。RELATED 函数是一个值函数，它的参数是一列，可把一个表的数据匹配到另一个表中，但前提是两个表之间必须建立关系。

RELATED 函数的语法和参数含义如下所示。

RELATED(\<column\>)

参数	描述
column	两个表之间要匹配的列

RELATEDTABLE 函数的功能与 RELATED 函数有点类似，它的参数是一个表，返回的也是一个表，但它常与其他聚合函数组合使用来新建列。

RELATEDTABLE 函数的语法和参数含义如下所示。

RELATEDTABLE(<tableName>)

参数	描述
tableName	要匹配的表的名称

案例 | 为建有关系的两个表匹配数据

如下图所示，在模型视图中可看到几个表之间的关系，现要将"产品信息表"中的"产品名称"匹配到"产品销售数据表"中，由于两个表之间已存在关系，可直接使用 RELATED 函数匹配数据。

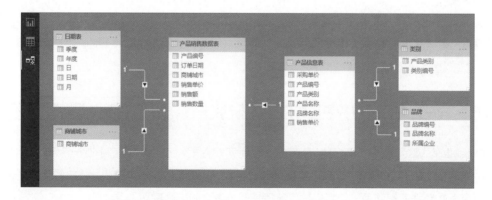

❶在数据视图下切换至"产品销售数据表"，❷启动新建列功能，❸在公式编辑栏中输入公式"产品名称 = RELATED('产品信息表'[产品名称])"，❹"产品销售数据表"中立即出现了"产品名称"列，如下图所示。

使用 RELATED 函数必须注意的是，它只能用于新建列，且只能沿着关系的多端查找一端的值。以本案例来说，"产品销售数据表"和"产品信息表"之间有多对一的关系，那么只能将"产品信息表"中的数据匹配到"产品销售数据表"中，不能将"产品销售数据表"中的数据匹配到"产品信息表"中。

如果要沿着关系的一端查找多端的值，就要用到 RELATEDTABLE 函数。切换至"商铺城市"表，❶启动新建列功能，❷在公式编辑栏中输入公式"订单数 = RELATEDTABLE('产品销售数据表')"，❸会返回错误值，如下图所示。这是因为 RELATEDTABLE 函数返回的是一个表，无法直接用于新建计算列，而且该公式也没有任何意义，不知道它到底要从"产品销售数据表"中获得什么数据。

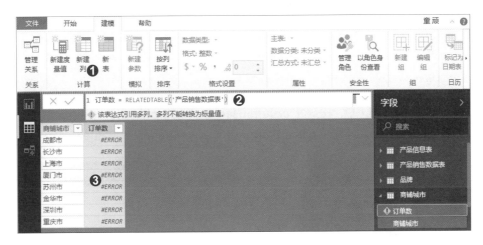

如果要消除错误，就要把 RELATEDTABLE 函数返回的表进行聚合。如下图所示，❶将公式改为"订单数 = COUNTROWS(RELATEDTABLE('产品销售数据表'))"，❷返回了正常的数据结果，

统计出了各个城市的订单数量。

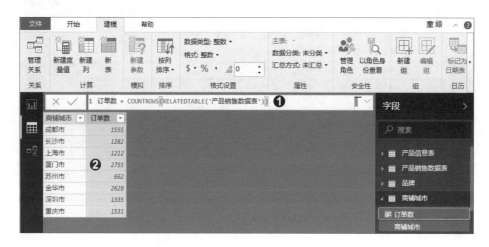

6.6 LOOKUPVALUE 函数：多条件数据匹配

6.5 节中介绍的 RELATED 函数算是单条件匹配函数，并且只能从相关表中查找，如果要实现多条件查找，可使用 LOOKUPVALUE 函数。当两个表之间没有数据关系时，使用该函数也可以匹配数据。可以说，RELATED 函数能做到的，LOOKUPVALUE 函数都能做到，而 LOOKUPVALUE 函数能做到的，RELATED 函数却不一定能做到。

LOOKUPVALUE 函数的语法和参数含义如下所示。

LOOKUPVALUE(<result_columnName>, <search_columnName>,
<search_value>[, <search_columnName>, <search_value>]…)

参数	描述
result_columnName	要返回的值所在列的列名
search_columnName	要搜索的列的列名
search_value	要搜索的值

案例 将销售单价从一个表匹配到另一个表

下图所示为"产品信息表"和"产品销售数据表"的内容。"产品信息表"中的"品牌名称"和"产品类别"与"产品销售数据表"中的"品牌"和"类别"两列数据是匹配的,通过这两列数据可以将"产品信息表"中的"销售单价"数据匹配到"产品销售数据表"中。下面使用 LOOKUPVALUE 函数来完成。

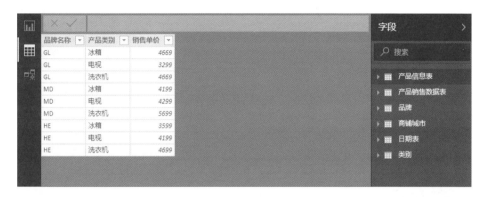

❶启动新建列功能,❷在公式编辑栏中输入公式"销售单价 = LOOKUPVALUE('产品信息表'[销售单价], '产品信息表'[产品类别], [类别], '产品信息表'[品牌名称], [品牌])",❸即可看到根据"产品信息表"中的"品牌"和"类别"获取到的"销售单价"数据,如下图所示。

6.7　ALL/ALLSELECTED 函数：计算占比

ALL 函数常用于清除整个表或某个列的筛选条件，有点类似 Excel 中的清除筛选功能。该函数的参数必须是对某个表或某一列的引用，且通常配合 CALCULATE 函数使用。

ALL 函数的语法和参数含义如下所示。

ALL([<table> | <column>[, <column>[, <column>[,…]]]])

参数	描述
table	要清除筛选的表
column	要清除筛选的列

ALLSELECTED 函数是 ALL 函数的衍生函数，微软的官方文档对该函数的功能描述是：从当前查询的列和行中删除上下文筛选器，同时保留所有其他上下文筛选器或显式筛选器。这个描述很抽象，后面会通过实际应用来帮助大家理解该函数。

ALLSELECTED 函数的语法和参数含义如下所示。

ALLSELECTED([<tableName> | <columnName>[, <columnName>[,
<columnName>[,⋯]]]])

参数	描述
tableName	使用标准 DAX 语法书写的现有表的名称。可选参数，不能为表达式
columnName	使用标准 DAX 语法书写的现有列的名称。可选参数，不能为表达式

案例 ﹝图﹞ 计算产品占总体或类别的比例

计算个体占总体的比例是实际工作中很常见一种分析方式。要想在 Power BI Desktop 中灵活且快速地计算出各种占比，可以使用 ALL 和 ALLSELECTED 函数。

本案例将介绍如何根据销售额指标来计算某种产品占总体或类别的比例，涉及的表主要有"产品信息表"和"产品销售数据表"，这两个表的具体内容如下图所示。

因为本案例要创建的度量值较多，所以先使用 5.4.5 小节介绍的 ROW 和 BLANK 函数新建一个空白表用于放置度量值。❶启动新表功能，❷在公式编辑栏中输入公式"度量值表 = ROW("列"，BLANK())"，❸得到一个空白表，如下图所示。该空白表的列名对度量值没有影响，可自由定义。

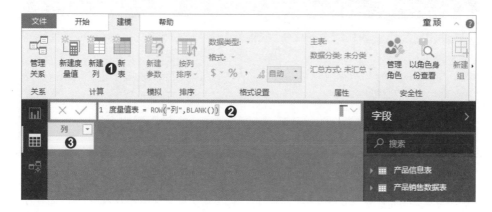

然后从最简单的度量值开始创建。启动新建度量值功能，在公式编辑栏中输入公式"销售总额 = SUM('产品销售数据表'[销售额])"，如下图所示。

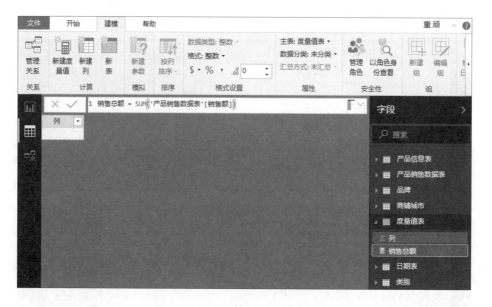

为查看该度量值的数据效果，❶在报表视图的"可视化"窗格中选择"矩阵"视觉对象，❷在"字段"窗格中勾选"产品类别"和"产品名称"列及度量值 [销售总额] 复选框，如右图所示。创建的视觉对象效果如下图所示。

产品类别	销售总额
冰箱	235877811
电视	73343568
洗衣机	100895361
总计	**410116740**

默认情况下，视觉对象只会展示分类层级最高的数据，为了进一步分析每种产品的销售总额，❶在视觉对象的"产品类别"列名上右击，❷在弹出的快捷菜单中单击"扩展至下一级别"命令，如下图所示。随后即可看到产品类别展开到产品名称后的效果，如右图所示。

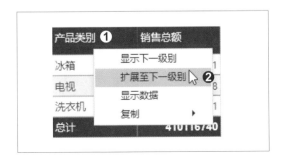

产品类别	销售总额
冰箱	**235877811**
GL冰箱	99613115
HE冰箱	39659181
MD冰箱	96605515
电视	**73343568**
GL电视	15691544
HE电视	21230144
MD电视	36421880
洗衣机	**100895361**
GL洗衣机	44658985
HE洗衣机	20019231
MD洗衣机	36217145
总计	**410116740**

产品销售额占总体销售额的比例等于每种产品的销售总额除以所有产品的销售总额合计值。先来创建展示合计值的度量值。启动新建度量值功能，在公式编辑栏中输入公式"销售总额合计 = CALCULATE([销售总额], ALL('产品信息表'))"，如下图所示。

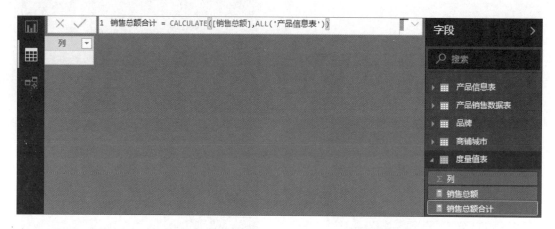

为了查看度量值 [销售总额合计] 的数据效果，在已经创建的视觉对象中添加该度量值，如下图所示，可发现该列数据为同一个值，即所有产品的销售总额合计值 410116740。

产品类别	销售总额	销售总额合计
冰箱	**235877811**	**410116740**
GL冰箱	99613115	410116740
HE冰箱	39659181	410116740
MD冰箱	96605515	410116740
电视	**73343568**	**410116740**
GL电视	15691544	410116740
HE电视	21230144	410116740
MD电视	36421880	410116740
洗衣机	**100895361**	**410116740**
GL洗衣机	44658985	410116740
HE洗衣机	20019231	410116740
MD洗衣机	36217145	410116740
总计	**410116740**	**410116740**

接着创建展示产品销售额占比的度量值。启动新建度量值功能，在公式编辑栏中输入公式"销售总体占比 = DIVIDE([销售总额], [销售总额合计])"，如下图所示。该公式引用了之前创建的度量值 [销售总额合计]，等同于"销售总体占比 = DIVIDE([销售总额], CALCULATE([销售总额], ALL('产品信息表')))"。

在创建度量值 [销售总体占比] 的 DAX 公式中用到了 DIVIDE 函数，该函数的功能类似算术运算符"/"，其语法和参数含义如下所示。

$$DIVIDE(<numerator>, <denominator>[, <alternateresult>])$$

参数	描述
numerator	必需参数，为被除数
denominator	必需参数，为除数
alternateresult	可选参数，为备用值，当除数为 0 导致计算错误时就会返回该备用值，如果没有提供备用值，则默认为空白值

在已经创建的视觉对象中添加度量值 [销售总体占比]，效果如右图所示，可看到各种产品的销售总额占总体销售额的比例。

如果还想了解每种产品的销售总额占所属分类销售总额的比例，如"MD 冰箱"的销售总额占"冰箱"类别的销售总额的比例，可继续创建度量值 [销售总额分类合计] 和 [销售分类占比]。

产品类别	销售总额	销售总额合计	销售总体占比
冰箱	235877811	410116740	0.58
GL冰箱	99613115	410116740	0.24
HE冰箱	39659181	410116740	0.10
MD冰箱	96605515	410116740	0.24
电视	73343568	410116740	0.18
GL电视	15691544	410116740	0.04
HE电视	21230144	410116740	0.05
MD电视	36421880	410116740	0.09
洗衣机	100895361	410116740	0.25
GL洗衣机	44658985	410116740	0.11
HE洗衣机	20019231	410116740	0.05
MD洗衣机	36217145	410116740	0.09
总计	410116740	410116740	1.00

先创建度量值 [销售总额分类合计]。启动新建度量值功能，在公式编辑栏中输入公式 "销售总额分类合计 = CALCULATE([销售总额], ALL('产品信息表'[产品名称]))"，如下图所示。

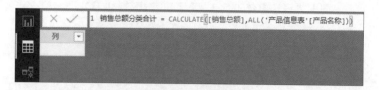

在已经创建的视觉对象中添加度量值 [销售总额分类合计]，效果如下图所示。可看到每种产品的销售总额都是所属分类的销售总额，例如，"冰箱"类产品的销售总额为 235877811，该类别下各种产品的销售总额也为 235877811。

产品类别	销售总额	销售总额合计	销售总额占比	销售总额分类合计
冰箱	235877811	410116740	0.58	235877811
GL冰箱	99613115	410116740	0.24	235877811
HE冰箱	39659181	410116740	0.10	235877811
MD冰箱	96605515	410116740	0.24	235877811
电视	73343568	410116740	0.18	73343568
GL电视	15691544	410116740	0.04	73343568
HE电视	21230144	410116740	0.05	73343568
MD电视	36421880	410116740	0.09	73343568
洗衣机	100895361	410116740	0.25	100895361
GL洗衣机	44658985	410116740	0.11	100895361
HE洗衣机	20019231	410116740	0.05	100895361
MD洗衣机	36217145	410116740	0.09	100895361
总计	410116740	410116740	1.00	410116740

度量值 [销售总额合计] 和 [销售总额分类合计] 的 DAX 公式有点类似，区别在于 CALCULATE 函数的第二个参数：前者为 ALL('产品信息表')，代表所有产品销售总额的合计值；后者为 ALL('产品信息表'[产品名称])，代表各类产品的销售总额。

接着创建度量值 [销售分类占比]。启动新建度量值功能，在公式编辑栏中输入公式 "销售分类占比 = DIVIDE([销售总额], [销售总额分类合计])"，如下图所示。该公式等同于 "销售分类占比 = DIVIDE([销售总额], CALCULATE([销售总额], ALL('产品信息表'[产品名称])))"。

```
1 销售分类占比 = DIVIDE([销售总额],[销售总额分类合计])
```

将度量值 [销售分类占比] 添加到视觉对象中，可以看到每种产品的销售总额占所属类别销售总额的比例，如下图所示。

产品类别	销售总额	销售总额合计	销售总体占比	销售总额分类合计	销售分类占比
冰箱	235877811	410116740	0.58	235877811	1.00
GL冰箱	99613115	410116740	0.24	235877811	0.42
HE冰箱	39659181	410116740	0.10	235877811	0.17
MD冰箱	96605515	410116740	0.24	235877811	0.41
电视	73343568	410116740	0.18	73343568	1.00
GL电视	15691544	410116740	0.04	73343568	0.21
HE电视	21230144	410116740	0.05	73343568	0.29
MD电视	36421880	410116740	0.09	73343568	0.50
洗衣机	100895361	410116740	0.25	100895361	1.00
GL洗衣机	44658985	410116740	0.11	100895361	0.44
HE洗衣机	20019231	410116740	0.05	100895361	0.20
MD洗衣机	36217145	410116740	0.09	100895361	0.36
总计	410116740	410116740	1.00	410116740	1.00

如果还想分析某几种产品的销售总额及占比数据，可以使用切片器来实现。❶在"可视化"窗格中选择"切片器"视觉对象，❷在"字段"窗格中勾选"产品信息表"中的"产品名称"列复选框，如下图所示。

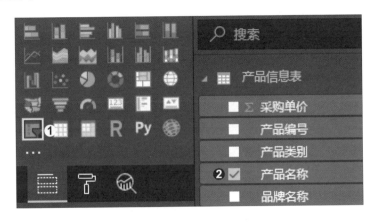

将创建的切片器拖动到合适的位置，然后按住【Ctrl】键，单击选择要查看的产品名称，如下图所示，可看到"矩阵"视觉对象中只显示所选产品的数据。

产品名称	产品类别	销售总额	销售总额合计	销售总体占比	销售总额分类合计	销售分类占比
■ GL冰箱	冰箱	**235877811**	**410116740**	**0.58**	**235877811**	**1.00**
■ GL电视	GL冰箱	99613115	410116740	0.24	235877811	0.42
□ GL洗衣机	HE冰箱	39659181	410116740	0.10	235877811	0.17
■ HE冰箱	MD冰箱	96605515	410116740	0.24	235877811	0.41
■ HE电视	电视	**73343568**	**410116740**	**0.18**	**73343568**	**1.00**
□ HE洗衣机	GL电视	15691544	410116740	0.04	73343568	0.21
■ MD冰箱	HE电视	21230144	410116740	0.05	73343568	0.29
■ MD电视	MD电视	36421880	410116740	0.09	73343568	0.50
□ MD洗衣机	总计	**309221379**	**410116740**	**0.75**	**410116740**	**0.75**

筛选产品后，"产品类别"列和"总计"行的数据发生了变化，每种产品的占比数据却没有改变。如果想把所选产品作为一个整体来分析每种产品的占比，就需要使用 ALLSELECTED 函数来改进报表。

启动新建度量值功能，在公式编辑栏中输入公式"筛选后的销售总额合计 = CALCULATE([销售总额], ALLSELECTED('产品信息表'))"，如下图所示。

将度量值 [筛选后的销售总额合计] 添加到"矩阵"视觉对象中，可看到所选产品的销售总额数据，如下图所示。

产品名称	产品类别	销售总额	销售总额合计	销售总体占比	销售总额分类合计	销售分类占比	筛选后的销售总额合计
■ GL冰箱 ■ GL电视 □ GL洗衣机 ■ HE冰箱 ■ HE电视 □ HE洗衣机 ■ MD冰箱 ■ MD电视 □ MD洗衣机	冰箱	235877811	410116740	0.58	235877811	1.00	309221379
	GL冰箱	99613115	410116740	0.24	235877811	0.42	309221379
	HE冰箱	39659181	410116740	0.10	235877811	0.17	309221379
	MD冰箱	96605515	410116740	0.24	235877811	0.41	309221379
	电视	73343568	410116740	0.18	73343568	1.00	309221379
	GL电视	15691544	410116740	0.04	73343568	0.21	309221379
	HE电视	21230144	410116740	0.05	73343568	0.29	309221379
	MD电视	36421880	410116740	0.09	73343568	0.50	309221379
	总计	309221379	410116740	0.75	410116740	0.75	309221379

再次启动新建度量值功能，在公式编辑栏中输入公式"筛选后的销售总体占比 = DIVIDE([销售总额], [筛选后的销售总额合计])"，如下图所示。该公式等同于"筛选后的销售总体占比 = DIVIDE([销售总额], CALCULATE([销售总额], ALLSELECTED('产品信息表')))"。

将度量值 [筛选后的销售总体占比] 添加到"矩阵"视觉对象中，效果如下图所示。此时在切片器中无论筛选哪些产品，总计的比例都是 1.00，每种产品筛选后的销售总体占比为该产品占所选产品的比例。

产品名称	产品类别	销售总额	销售总额合计	销售总体占比	销售总额分类合计	销售分类占比	筛选后的销售总额合计	筛选后的销售总体占比
■ GL冰箱 ■ GL电视 □ GL洗衣机 ■ HE冰箱 ■ HE电视 □ HE洗衣机 ■ MD冰箱 ■ MD电视 □ MD洗衣机	冰箱	235877811	410116740	0.58	235877811	1.00	309221379	0.76
	GL冰箱	99613115	410116740	0.24	235877811	0.42	309221379	0.32
	HE冰箱	39659181	410116740	0.10	235877811	0.17	309221379	0.13
	MD冰箱	96605515	410116740	0.24	235877811	0.41	309221379	0.31
	电视	73343568	410116740	0.18	73343568	1.00	309221379	0.24
	GL电视	15691544	410116740	0.04	73343568	0.21	309221379	0.05
	HE电视	21230144	410116740	0.05	73343568	0.29	309221379	0.07
	MD电视	36421880	410116740	0.09	73343568	0.50	309221379	0.12
	总计	309221379	410116740	0.75	410116740	0.75	309221379	1.00

如果想进一步计算所选产品类别中各种产品占所属产品类别的比例，也可使用 ALLSELECTED 函数。启动新建度量值功能，在公式编辑栏中输入公式"筛选后的销售总额分类合计 = CALCULATE([销售总额], ALLSELECTED('产品信息表'[产品名称]))"，如下图所示。

将度量值 [筛选后的销售总额分类合计] 添加到"矩阵"视觉对象中，效果如下图所示。可看到筛选后各种产品的销售总额为该产品所属类别的销售总额。

产品名称	产品类别	销售总额	销售总额合计	销售总体占比	销售总额分类合计	销售分类占比	筛选后的销售总额合计	筛选后的销售总体占比	筛选后的销售总额分类合计
■ GL冰箱	冰箱	235877811	410116740	0.58	235877811	1.00	309221379	0.76	235877811
■ GL电视	GL冰箱	99613115	410116740	0.24	235877811	0.42	309221379	0.32	235877811
□ GL洗衣机	HE冰箱	39659181	410116740	0.10	235877811	0.17	309221379	0.13	235877811
■ HE冰箱	MD冰箱	96605515	410116740	0.24	235877811	0.41	309221379	0.31	235877811
■ HE电视	电视	73343568	410116740	0.18	73343568	1.00	309221379	0.24	73343568
□ HE洗衣机	GL电视	15691544	410116740	0.04	73343568	0.21	309221379	0.05	73343568
■ MD冰箱	HE电视	21230144	410116740	0.05	73343568	0.29	309221379	0.07	73343568
■ MD电视	MD电视	36421880	410116740	0.09	73343568	0.50	309221379	0.12	73343568
□ MD洗衣机									
总计		309221379	410116740	0.75	410116740	0.75	309221379	1.00	309221379

启动新建度量值功能，在公式编辑栏中输入公式"筛选后的销售分类占比 = DIVIDE([销售总额], [筛选后的销售总额分类合计])"，如下图所示。该公式等同于"筛选后的销售分类占比 = DIVIDE([销售总额], CALCULATE([销售总额], ALLSELECTED('产品信息表'[产品名称])))"。

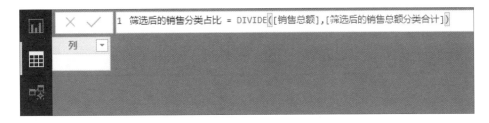

将度量值 [筛选后的销售分类占比] 添加到"矩阵"视觉对象中，可看到所选产品中各种产品占其所属产品类别的比例情况，如下图所示。

产品名称	产品类别	销售总额	销售总额合计	销售总体占比	销售总额分类合计	销售分类占比	筛选后的销售总额合计	筛选后的销售总体占比	筛选后的销售总额分类合计	筛选后的销售分类占比
■ GL冰箱	冰箱	235877811	410116740	0.58	235877811	1.00	309221379	0.76	235877811	1.00
■ GL电视	GL冰箱	99613115	410116740	0.24	235877811	0.42	309221379	0.32	235877811	0.42
□ GL洗衣机	HE冰箱	39659181	410116740	0.10	235877811	0.17	309221379	0.13	235877811	0.17
■ HE冰箱	MD冰箱	96605515	410116740	0.24	235877811	0.41	309221379	0.31	235877811	0.41
■ HE电视	电视	73343568	410116740	0.18	73343568	1.00	309221379	0.24	73343568	1.00
□ HE洗衣机	GL电视	15691544	410116740	0.04	73343568	0.21	309221379	0.05	73343568	0.21
■ MD冰箱	HE电视	21230144	410116740	0.05	73343568	0.29	309221379	0.07	73343568	0.29
■ MD电视	MD电视	36421880	410116740	0.09	73343568	0.50	309221379	0.12	73343568	0.50
□ MD洗衣机	总计	309221379	410116740	0.75	410116740	0.75	309221379	1.00	309221379	1.00

对比上述计算各种占比的公式可以发现，DIVIDE 函数的第一个参数都是度量值 [销售总额]，然后改动第二个参数，就得到了不同业务场景下需要的占比数据。

第 7 章

进击之路从这里开始
——DAX 高阶函数

学习并掌握了 DAX 语言中的一些常用函数后，为了完成更深入的数据分析，如分析年初至今的累计数据、分析销售额的排名情况等，还需要使用 DAX 语言中的一些高阶函数，如 TOTALYTD 函数、RANKX 函数等。本章将通过几个案例详细介绍 DAX 语言中的常用高阶函数。

7.1 FILTER 函数: 高级筛选器

在 6.1 节中，使用 CALCULATE 函数筛选出了品牌为 HE 的产品销售数量。若要进行更复杂的筛选，则要使用 CALCULATE 函数的最佳搭档——FILTER 函数。

FILTER 函数返回的是一张表，所以，单独使用该函数创建度量值或计算列时，很可能会报错，但是该函数可以与其他函数结合使用来筛选数据。

FILTER 函数的语法和参数含义如下所示。

FILTER(\<table\>, \<filter\>)

参数	描述
table	要筛选的表
filter	筛选条件

 筛选超过2000万的城市销售金额

先使用 COUNTROWS 和 CALCULATE 函数创建度量值 [产品销售数量] 和 [产品销售数量1]，这两个度量值的 DAX 公式分别为：

产品销售数量 = COUNTROWS('产品销售数据表')
产品销售数量1 = CALCULATE([产品销售数量], '产品销售数据表'[品牌]="HE")

随后使用 FILTER 函数创建度量值 [产品销售数量2]，DAX 公式为：

产品销售数量2 = CALCULATE([产品销售数量], FILTER(ALL('产品销售数据表'[品牌]), '产品销售数据表'[品牌]="HE"))

如下图所示，在"字段"窗格中可看到创建的 3 个度量值。

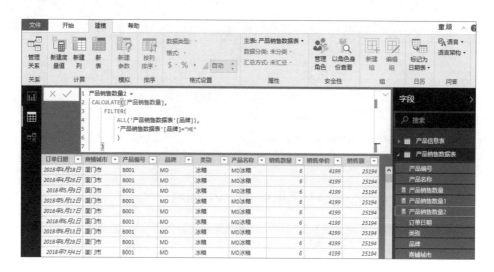

❶在报表视图下的"可视化"窗格中选择"表"视觉对象，❷在"字段"窗格中勾选"产品名称"列和创建的 3 个度量值复选框，如下图所示。

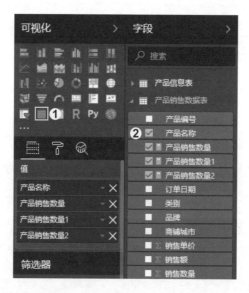

对创建的视觉对象进行格式设置，效果如下图所示。可发现度量值 [产品销售数量1] 与 [产品销售数量2] 在结果上完全一致，两者都使用了 CALCULATE 函数，区别是后者还使用了 FILTER 函数。

产品名称	产品销售数量	产品销售数量1	产品销售数量2
GL冰箱	2648		
GL电视	794		
GL洗衣机	1266		
HE冰箱	1564	1564	1564
HE电视	807	807	807
HE洗衣机	544	544	544
MD冰箱	2985		
MD电视	1531		
MD洗衣机	821		
总计	12960	2915	2915

也许有人会问，既然实现的效果相同，是不是就没有必要使用 FILTER 函数了呢？实际上，由于这里的筛选条件比较简单，所以不能展现 FILTER 函数的优势。如果筛选条件变得复杂，那么仅使用 CALCULATE 函数就可能无法完成筛选和计算，此时就得让 FILTER 函数登场了。

例如，现在想要找出年销售额大于 2000 万的城市中哪些产品的年销售额也大于 2000 万。这一筛选条件已无法用简单的表达式来表达，必须使用 FILTER 函数来表达。

首先，创建度量值 [销售总额]，公式为"销售总额 = SUM('产品销售数据表'[销售额])"，如下图所示。

然后，创建度量值 [大于2000万的城市销售金额]，公式为"大于2000万的城市销售金额 = CALCULATE([销售总额], FILTER(ALL('商铺城市'), [销售总额]>20000000))"，如下图所示。

该度量值先利用 FILTER 函数筛选出销售总额大于 2000 万的城市有哪几个，然后汇总这些城市的销售总额。为了直观查看该度量值的意义，接下来在报表视图中使用该度量值创建视觉对象。

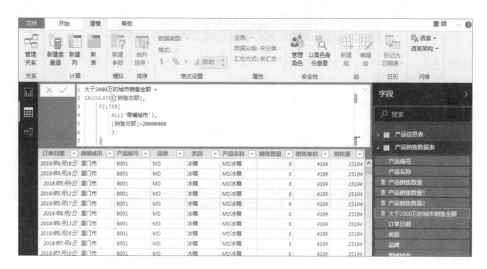

❶在报表视图下的"可视化"窗格中选择"表"视觉对象，❷在"字段"窗格中勾选"产品名称"列、度量值 [大于2000万的城市销售金额] 和度量值 [销售总额] 复选框，如下图所示。

对创建的视觉对象进行格式设置，效果如下图所示。可发现销售金额超过 2000 万的城市的销售金额总计为 393015090，但两个明细数据 43501073 和 21968290 之和并不等于总计值 393015090。这是因为在 43501073 和 21968290 代表的年销售金额超过 2000 万的城市中，单种产品的年销售金额也大于 2000 万的只有 GL 冰箱和 MD 冰箱。

在 Power BI Desktop 中，每个数据都是独立运算的，和其他数据没有关系，所以合计数据不等于明细数据之和很正常，但不符合大多数人的思维习惯，在后续的内容中将会介绍其他函数来解决该问题。

产品名称	销售总额	大于2000万的城市销售金额
GL冰箱	99613115	43501073
GL电视	15691544	
GL洗衣机	44658985	
HE冰箱	39659181	
HE电视	21230144	
HE洗衣机	20019231	
MD冰箱	96605515	21968290
MD电视	36421880	
MD洗衣机	36217145	
总计	410116740	393015090

在使用 FILTER 函数时，有两个需要特别注意的地方。

• 当多个表中都含有需要的参数列时，使用信息表中的列，而非明细数据表中的列。例如，本案例中在创建度量值 [大于2000万的城市销售金额] 时，使用了"商铺城市"表中的"商铺城市"列，而未使用"产品销售数据表"中的"商铺城市"列。虽然会得到同样的结果，但是"商铺城市"表的数据量远远小于"产品销售数据表"的数据量，可以大大减少计算量，避免软件运行缓慢。

• 当使用 CALCULATE 函数足以完成筛选工作时，就一定不要使用 FILTER 函数。只有当 CALCULATE 函数都搞不定时，才用 CALCULATE(…, FILTER(ALL(…), …)) 嵌套组合函数。

7.2 VALUES / HASONEVALUE 函数：删除重复值 / 判断唯一性

如果函数的参数是列，那么只能用列作为参数，而不能用整个表作为参数。如果函数的参数是表，但是要处理的是列，就可以使用 VALUES 函数把列转化为表，作为函数的参数使用。

VALUES 函数用于返回只有一列的一个表，该表包含来自指定表或列的非重复值，也就是说，重复值将被删除，仅返回唯一值。

VALUES 函数返回的表只有一列，如果同时这个表只有一行，那么这个表就可以看成是一个值，所以 VALUES 函数在某些情况下也可以用于创建度量值。

VALUES 函数的语法和参数含义如下所示。

VALUES(<TableNameOrColumnName>)

参数	描述
TableNameOrColumnName	要返回唯一值的表或列

HASONEVALUE 函数用于判断是否只有一个值，它与大多数 DAX 函数的区别在于那些函数返回的不是表就是值，而 HASONEVALUE 函数返回的是真（TRUE）或假（FALSE）。

HASONEVALUE 函数的语法和参数含义如下所示。

HASONEVALUE(<columnName>)

参数	描述
columnName	列名

案例 转换"商铺城市"列为表 / 禁止计算总计值

在 7.1 节中创建度量值 [大于2000万的城市销售金额] 时，用到的公式为"大于2000万的城市销售金额 = CALCULATE([销售总额], FILTER(ALL('商铺城市'), [销售总额]>20000000))"，可发现要实现这个计算的前提是报表中必须有一张包含不重复的城市名称数据的表。当报表中没有这张表时，可使用 VALUES 函数将现有表中的"商铺城市"列提取出来，生成一张新表。

如下图所示，❶启动新表功能，❷在公式编辑栏中输入公式"商铺城市 = VALUES('产品销售数据表'[商铺城市])"，❸可看到新建了一个"商铺城市"表，该表仅有一列，列中的数据是从"产品销售数据表"的"商铺城市"列中提取出的不重复的城市名称。

随后创建两个度量值，公式分别为"销售总额 = SUM('产品销售数据表'[销售额])"和"大于 2000万的城市销售金额 = CALCULATE([销售总额], FILTER(ALL('商铺城市'), [销售总额]>20000000))"，如下图所示。

切换至报表视图，将"产品销售数据表"中的"产品名称"列和新建的两个度量值添加到"表"视觉对象中，效果如下图所示。

产品名称	销售总额	大于2000万的城市销售金额
GL冰箱	99613115	99613115
GL电视	15691544	15691544
GL洗衣机	44658985	44658985
HE冰箱	39659181	39659181
HE电视	21230144	21230144
HE洗衣机	20019231	20019231
MD冰箱	96605515	96605515
MD电视	36421880	36421880
MD洗衣机	36217145	36217145
总计	410116740	410116740

可发现该视觉对象的效果与 7.1 节中的不一致。这是因为度量值 [大于2000万的城市销售金额] 中用到的"商铺城市"表未与"产品销售数据表"建立数据关系，所以，该度量值就不能计算出在年销售额大于 2000 万的城市中年销售额也大于 2000 万的单种产品。

切换至模型视图，将"商铺城市"表中的"商铺城市"列拖动到"产品销售数据表"中的"商铺城市"列上，在两个表之间建立数据关系。将鼠标指针放置在关系线上，两个表之间建立关系的列会突出显示，如下图所示。

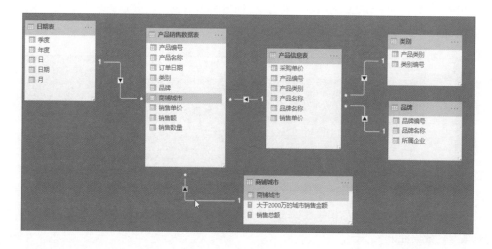

切换至报表视图，可发现视觉对象的效果与 7.1 节中创建的效果一致，如右图所示。度量值 [大于2000万的城市销售金额] 的总计值不是列值的总和，这是因为在 Power BI Desktop 中每个数据都是独立运算的，和其他数据没有关系。

产品名称	销售总额	大于2000万的城市销售金额
GL冰箱	99613115	43501073
GL电视	15691544	
GL洗衣机	44658985	
HE冰箱	39659181	
HE电视	21230144	
HE洗衣机	20019231	
MD冰箱	96605515	21968290
MD电视	36421880	
MD洗衣机	36217145	
总计	**410116740**	**393015090**

在上图中，总计值的意义不大，而且还很容易误导读者，此时可以使用 HASONEVALUE 函数禁止计算总计值。

新建度量值，在公式编辑栏中输入公式"大于2000万的城市销售金额1 = IF(HASONEVALUE('产品销售数据表'[产品名称]), [大于2000万的城市销售金额], BLANK())"，如下图所示。该公式的含义为：如果 [产品名称] 列只有一个值，则求大于 20000000 的城市销售金额，否则返回空白。

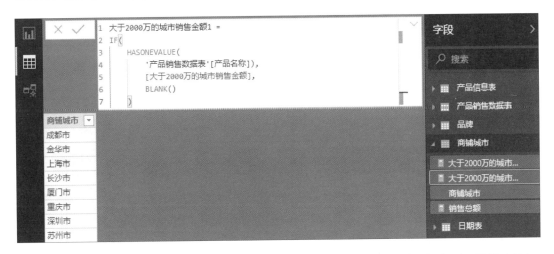

切换至报表视图，将度量值 [大于2000万的城市销售金额1] 添加到之前制作的"表"视觉对象上，可看到总计值显示为空白，效果如下图所示。

产品名称	销售总额	大于2000万的城市销售金额	大于2000万的城市销售金额1
GL冰箱	99613115	43501073	43501073
GL电视	15691544		
GL洗衣机	44658985		
HE冰箱	39659181		
HE电视	21230144		
HE洗衣机	20019231		
MD冰箱	96605515	21968290	21968290
MD电视	36421880		
MD洗衣机	36217145		
总计	**410116740**	**393015090**	

7.3　TOTALYTD 函数：年初至今的累计数据计算

DAX 语言中的时间智能函数能够使用时间段（包括天、月、季度和年）来操纵数据，然后构建和比较这些时段的计算。如果希望看到年初至今累计的总销售额，可使用 TOTALYTD 函数来达到目的。

TOTALYTD 函数的语法和参数含义如下所示。

TOTALYTD(<expression>, <dates>[, <filter>][, <year_end_date>])

参数	描述
expression	一个返回标量值的表达式
dates	包含日期的列
filter	可选参数，指定要应用到当前上下文的筛选器表达式
year_end_date	可选参数，用于定义年末日期的字符串，默认为 12 月 31 日

案例 计算销售总额的累计同比增长率

已知 2018 年和 2019 年的销售明细数据及与数据表相关的其他 5 个表，现要分析本年累计销售额的同比增长率，需用 TOTALYTD 函数创建度量值 [本年累计销售额] 和度量值 [上年累计销售额]。

先启动新表功能，在公式编辑栏中输入公式 "表 = ROW("列", BLANK())"，新建空白表。

再启动新建度量值功能，在公式编辑栏中输入公式 "销售总额 = SUM('产品销售数据表'[销售额])"，该度量值将用于创建度量值 [本年累计销售额] 和度量值 [上年累计销售额]。

再次新建度量值，在公式编辑栏中输入公式 "本年累计销售额 = TOTALYTD([销售总额], '日期表'[日期])"，如下图所示，可看到创建的空白表及表中的两个度量值。

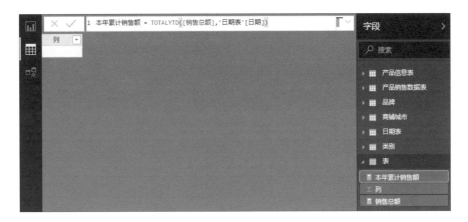

继续新建度量值，在公式编辑栏中输入公式 "上年累计销售额 = TOTALYTD([销售总额], SAMEPERIODLASTYEAR('日期表'[日期]))"，如下图所示，可看到创建的空白表及表中的 3 个度量值。SAMEPERIODLASTYEAR 函数看起来很长，其实用法很简单，它用于返回上年同期的日期表。

要查看两年的同比增长率，还需创建度量值，在公式编辑栏中输入公式"累计同比增长率 = DIVIDE([本年累计销售额], [上年累计销售额])-1"，如下图所示。

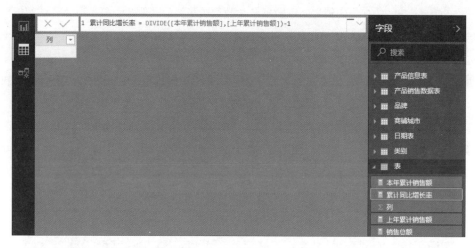

切换至报表视图，将月份及创建的 4 个度量值添加到"矩阵"视觉对象中，效果如下图所示。此时因为没有筛选年度，每月的销售总额实际上是 2018 年和 2019 年的同期两个月份的合计值，为了查看某一年某一月的销售额，需要添加一个年度切片器。

月	销售总额	本年累计销售额	上年累计销售额	累计同比增长率
1	16602764	11587470	5015294	1.31
2	7129107	16502433	7229438	1.28
3	15416637	27911544	11236964	1.48
4	22599525	40744572	21003461	0.94
5	26746524	56720811	31773746	0.79
6	30783190	75294139	43983608	0.71
7	38818403	95916810	62179340	0.54
8	42575978	116640851	84031277	0.39
9	36185924	136848048	100010004	0.37
10	34572086	157273742	114156396	0.38
11	52261903	181694250	141997791	0.28
12	86424699	236324780	173791960	0.36
总计	410116740	236324780	173791960	0.36

在报表视图中创建"切片器"视觉对象，并将"日期表"中的"年度"列添加到该视觉对象中，然后在切片器中单击"2019"，得到如下图所示的效果。此时"矩阵"视觉对象中的销售总额就是 2019 年各月的销售总额了。

月	销售总额	本年累计销售额	上年累计销售额	累计同比增长率
1	11587470	11587470	5015294	1.31
2	4914963	16502433	7229438	1.28
3	11409111	27911544	11236964	1.48
4	12833028	40744572	21003461	0.94
5	15976239	56720811	31773746	0.79
6	18573328	75294139	43983608	0.71
7	20622671	95916810	62179340	0.54
8	20724041	116640851	84031277	0.39
9	20207197	136848048	100010004	0.37
10	20425694	157273742	114156396	0.38
11	24420508	181694250	141997791	0.28
12	54630530	236324780	173791960	0.36
总计	236324780	236324780	173791960	0.36

也许有人会觉得这样的同比增长率计算很简单，在 Excel 里也可以快速完成，但是如果要比较的不仅是销售总额，还有产品类别、品牌，并且要比较的数据是 30 年和 50 个城市，使用 Excel 计算就会很麻烦了。

在报表视图中继续添加"产品销售数据表"中"品牌""类别""商铺城市"列的切片器，然后在切片器中单击要查看的品牌、类别和商铺城市，得到的效果如下图所示。

月	销售总额	本年累计销售额	上年累计销售额	累计同比增长率
1	147559	147559		-1.00
2	17995	165554		-1.00
3	104371	269925		-1.00
4	68381	338306		-1.00
5	140361	478667		-1.00
6	100772	579439	53985	9.73
7	205143	784582	151158	4.19
8	309514	1094096	421083	1.60
9	151158	1245254	647820	0.92
10	143960	1389214	673013	1.06
11	266326	1655540	939339	0.76
12	500261	2155801	1083299	0.99
总计	**2155801**	**2155801**	**1083299**	**0.99**

7.4 EARLIER 函数: 获取当前行信息

EARLIER 函数能打破行的限制，进行不同级别的数据汇总计算。在前面利用 DAX 函数做数据分析时，都是对整列进行操作，并没有做更细化的分析，如分析每一行数据、提取某一行数据，而借助 EARLIER 函数就能达到按行分析的目的。

EARLIER 函数的语法和参数含义如下所示。

EARLIER(<column>, <number>)

参数	描述
column	列名
number	可选参数，外部计算传递到的正数。该参数一般省略

案例 计算产品的累计销售额和累计销售数量

已知一个"产品销售数据表"，现要查看每个订单日期的累计销售额。❶启动新建列功能，❷在公式编辑栏中输入公式"累计销售额 = SUMX(FILTER('产品销售数据表', '产品销售数据表'[订单日期]<=EARLIER('产品销售数据表'[订单日期])), '产品销售数据表'[销售额])"，❸可看到新建列中的累计销售额数据，如下图所示。

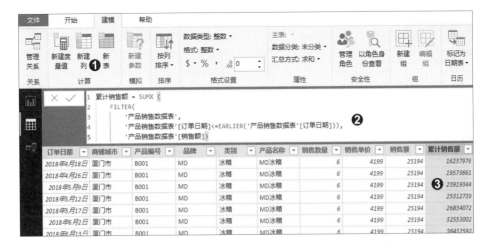

上图中，因为"订单日期"列的数据未按照升序的方式排列，所以在"产品销售数据表"中不能直观地展示新建列的作用，而对"订单日期"列进行升序排序后，可看到 2018 年 1 月 2 日行对应的累计销售额为 2018 年 1 月 1 日和 2018 年 1 月 2 日的销售额合计值，2018 年 1 月 3 日行对应的累计销售额为 2018 年 1 月 1 日—1 月 3 日的销售额合计值，依次类推，如下图所示。

订单日期	商铺城市	产品编号	品牌	类别	产品名称	销售数量	销售单价	销售额	累计销售额
2018年1月1日	成都市	A001	GL	冰箱	GL冰箱	40	4669	186760	186760
2018年1月2日	成都市	A001	GL	冰箱	GL冰箱	12	4669	56028	242788
2018年1月3日	金华市	B001	MD	冰箱	MD冰箱	60	4199	251940	494728
2018年1月4日	金华市	C001	HE	冰箱	HE冰箱	35	3599	125965	620693
2018年1月5日	成都市	B001	MD	冰箱	MD冰箱	50	4199	209950	830643
2018年1月7日	成都市	A001	GL	冰箱	GL冰箱	58	4669	270802	1101445
2018年1月9日	成都市	A001	GL	冰箱	GL冰箱	30	4669	140070	1241515
2018年1月10日	成都市	B001	MD	冰箱	MD冰箱	36	4199	151164	1392679
2018年1月11日	成都市	A001	GL	冰箱	GL冰箱	45	4669	210105	1602784
2018年1月12日	上海市	A001	GL	冰箱	GL冰箱	68	4669	317492	1920276
2018年1月13日	上海市	A001	GL	冰箱	GL冰箱	25	4669	116725	2037001
2018年1月14日	成都市	A001	GL	冰箱	GL冰箱	63	4669	294147	2331148
2018年1月15日	成都市	B001	MD	冰箱	MD冰箱	52	4199	218348	2549496

上图中，因为没有重复的订单日期，所以计算出的每个订单日期的累计销售额都符合常理。向下拖动滚动条，就会发现表中还有多个订单日期相同的行，这些行对应的累计销售额都一样，如下图所示，这样的计算结果显然不能满足常规的数据分析需求。

订单日期	商铺城市	产品编号	品牌	类别	产品名称	销售数量	销售单价	销售额	累计销售额
2018年3月28日	厦门市	C001	HE	冰箱	HE冰箱	18	3599	64782	10286354
2018年3月29日	金华市	A001	GL	冰箱	GL冰箱	15	4669	70035	10653686
2018年3月29日	成都市	B001	MD	冰箱	MD冰箱	12	4199	50388	10653686
2018年3月29日	成都市	A001	GL	冰箱	GL冰箱	18	4669	84042	10653686
2018年3月29日	厦门市	C001	HE	冰箱	HE冰箱	12	3599	43188	10653686
2018年3月29日	厦门市	B003	MD	洗衣机	MD洗衣机	6	5699	34194	10653686
2018年3月29日	金华市	B003	MD	洗衣机	MD洗衣机	15	5699	85485	10653686
2018年3月30日	厦门市	C001	HE	冰箱	HE冰箱	15	3599	53985	11098937
2018年3月30日	成都市	B001	MD	冰箱	MD冰箱	12	4199	50388	11098937
2018年3月30日	金华市	B001	MD	冰箱	MD冰箱	18	4199	75582	11098937
2018年3月30日	金华市	A001	GL	冰箱	GI冰箱	9	4669	42021	11098937
2018年3月30日	成都市	A001	GL	冰箱	GL冰箱	6	4669	28014	11098937
2018年3月30日	厦门市	B001	MD	冰箱	MD冰箱	9	4199	37791	11098937
2018年3月30日	厦门市	C002	HE	电视	HE电视	9	4199	37791	11098937
2018年3月30日	厦门市	B003	MD	洗衣机	MD洗衣机	21	5699	119679	11098937
2018年3月31日	金华市	A001	GL	冰箱	GL冰箱	18	4669	84042	11236964

此时就需要在表中添加索引列，并使用索引列新建累计销售额。打开 Power Query 编辑器，❶在"查询"窗格中选中"产品销售数据表"，❷在"添加列"选项卡下单击"索引列"右侧的下三角按钮，❸在展开的列表中单击"从 1"选项，如下图所示。

此时可看到"产品销售数据表"的最后添加了一列从 1 开始的数据索引列，更改列名为"序号"，如下图所示。

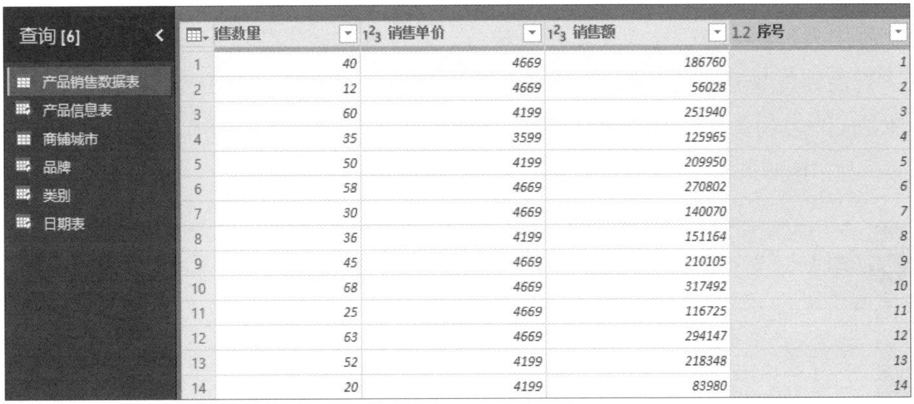

返回报表的数据视图，启动新建列功能，❶在公式编辑栏中输入公式"累计销售额1 = SUMX (FILTER('产品销售数据表', '产品销售数据表'[序号]<=EARLIER('产品销售数据表'[序号])), '产品销售数据表'[销售额])"，该公式利用 EARLIER 函数求当前行的序号，然后把小于等于当前序号的所有行的销售额累加在一起，❷可看到新建的列数据，如下图所示。然后对"序号"列进行升序排序，表中重复订单日期行对应的累计销售额数据就符合需求了。

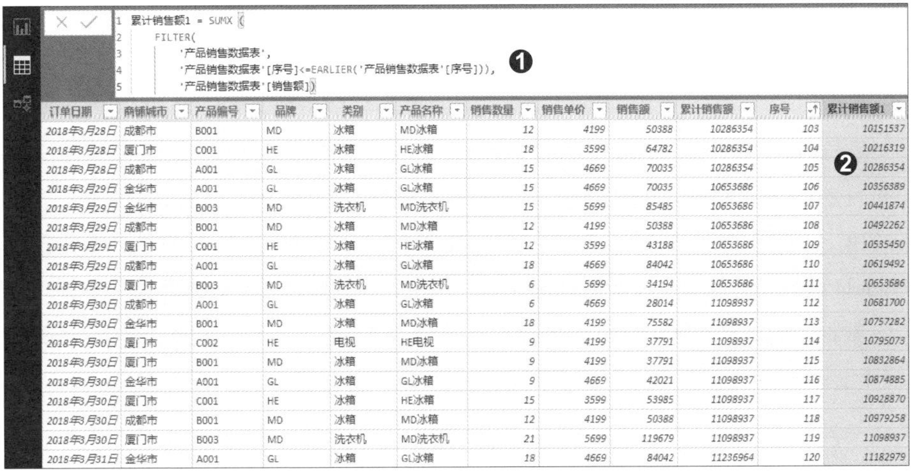

　　如果想要计算截至某个订单日期某个产品的销售数量，可利用 EARLIER 函数筛选小于当前行的序号，并同时利用该函数求得当前行的产品名称，只有同时符合这两个条件的销售数量才进行累加。

　　启动新建列功能，❶在公式编辑栏中输入公式"累计销售数量 = SUMX(FILTER('产品销售数据表', '产品销售数据表'[序号]<=EARLIER('产品销售数据表'[序号])&&'产品销售数据表'[产品名称]=EARLIER('产品销售数据表'[产品名称])), '产品销售数据表'[销售数量])"，❷可看到添加的新列数据效果，如下图所示。

订单日期	商铺城市	产品编号	品牌	类别	产品名称	销售数量	销售单价	销售额	累计销售源	序号	累计销售源1	累计销售数量
2018年1月1日	成都市	A001	GL	冰箱	GL冰箱	40	4669	186760	186760	1	186760	40
2018年1月2日	成都市	A001	GL	冰箱	GL冰箱	12	4669	56028	242788	2	242788	52
2018年1月3日	金华市	B001	MD	冰箱	MD冰箱	60	4199	251940	494728	3	494728	60
2018年1月4日	金华市	C001	HE	冰箱	HE冰箱	35	3599	125965	620693	4	620693	35
2018年1月5日	成都市	B001	MD	冰箱	MD冰箱	50	4199	209950	830643	5	830643	110
2018年1月8日	成都市	A001	GL	冰箱	GL冰箱	58	4669	270802	1101445	6	1101445	140
2018年1月9日	成都市	A001	GL	冰箱	GL冰箱	30	4669	140070	1241515	7	1241515	140
2018年1月10日	成都市	B001	MD	冰箱	MD冰箱	36	4199	151164	1392679	8	1392679	146
2018年1月11日	成都市	A001	GL	冰箱	GL冰箱	45	4669	210105	1602784	9	1602784	185
2018年1月12日	上海市	A001	GL	冰箱	GL冰箱	68	4669	317492	1920276	10	1920276	253
2018年1月13日	上海市	A001	GL	冰箱	GL冰箱	25	4669	116725	2037001	11	2037001	278
2018年1月14日	成都市	A001	GL	冰箱	GL冰箱	63	4669	294147	2331148	12	2331148	341
2018年1月15日	成都市	B001	MD	冰箱	MD冰箱	52	4199	218348	2549496	13	2549496	198
2018年1月16日	成都市	B001	MD	冰箱	MD冰箱	20	4199	83980	2680166	14	2633476	218
2018年1月16日	成都市	A001	GL	冰箱	GL冰箱	10	4669	46690	2680166	15	2680166	351
2018年1月17日	长沙市	A001	GL	冰箱	GL冰箱	63	4669	294147	2974313	16	2974313	414
2018年1月18日	成都市	B001	MD	冰箱	MD冰箱	21	4199	88179	3062492	17	3062492	239
2018年1月19日	金华市	A001	GL	冰箱	GL冰箱	57	4669	266133	3618356	18	3328625	471
2018年1月19日	成都市	B001	MD	冰箱	MD冰箱	69	4199	289731	3618356	19	3618356	308
2018年1月20日	成都市	B001	MD	冰箱	MD冰箱	20	4199	83980	3702336	20	3702336	328
2018年1月21日	成都市	A001	GL	冰箱	GL冰箱	54	4669	252126	3954462	21	3954462	525
2018年1月22日	成都市	C001	HE	冰箱	HE冰箱	78	3599	280722	4386348	22	4235184	113
2018年1月23日	成都市	B001	MD	冰箱	MD冰箱	36	4199	151164	4386348	23	4386348	364

　　"累计销售数量"列的数据并不仅仅是订单日期销售数量的累加。例如，2018 年 1 月 3 日的订单日期行对应的累计销售数量并不是 2018 年 1 月 1 日至 3 日的销售数量的累计值，而只是 2018 年 1 月 3 日 MD 冰箱的销售数量，这是因为 1 月 3 日之前该产品没有销售数量。而 2018 年 1 月 5 日的累计销售数量就是 2018 年 1 月 3 日与 2018 年 1 月 5 日 MD 冰箱的销售数量之和。

　　EARLIER 函数会对每一行数据都进行计算，理论上计算量相当于数据行数的平方，例如，如果有 10 行数据，则需要计算 100 次。因此，当数据量大的时候，使用该函数有可能会造成软件运行缓慢或卡顿。

7.5 RANKX 函数: 排名统计

在实际工作中, 常常需要对某些指标, 如销售额、销售数量等进行排名, 此时可使用 RANKX 函数来达到目的。

RANKX 函数的语法和参数含义如下所示。

RANKX(\<table\>, \<expression\>[, \<value\>[, \<order\>[, \<ties\>]]])

参数	描述
table	一个 DAX 表达式, 返回需要用 expression 参数进行计算的数据表
expression	一个返回单一标量值的 DAX 表达式。它将针对 table 参数的每一行进行计算, 以生成所有用于排名的可能值
value	可选参数, 一个返回要找到其排名的单个标量值的 DAX 表达式。若省略, 将改用当前行中的 expression 参数值
order	可选参数, 定义如何对 value 参数排名。如果为 0 或省略, 则按降序排名; 如果为 1, 则按升序排名
ties	可选参数, 定义如何在出现等同值时确定排名

案例 │ 查看商铺城市和产品的销售总额排名情况

下面将通过创建度量值并在视觉对象中显示该度量值的方式, 查看商铺城市的销售总额排名情况。

首先创建度量值 [销售总额], 公式为 "销售总额 = SUM('产品销售数据表'[销售额])", 然后再次启动新建度量值功能, 在公式编辑栏中输入公式 "商铺城市销售总额排名 = RANKX(ALL('商铺城市'), [销售总额])", 如下图所示。

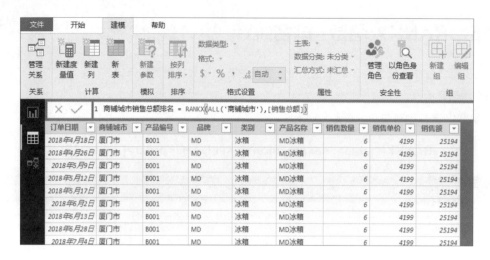

切换至报表视图，❶在"可视化"窗格中选择"表"视觉对象，❷在"字段"窗格中勾选要可视化的元素，如下图所示。此处需注意的是，"商铺城市"列必须从度量值 [商铺城市销售总额排名] 中 ALL 函数的参数所使用的表中选择。

通过以上方法创建的视觉对象中会存在一个总计值，而本案例要查看的是排名情况，不需要查看总计值，因此，❶在"字段"窗格的"格式"选项卡下关闭总计功能，❷还可以对视觉对象设置样式，如下图所示。此外，也可以使用前面介绍过的 HASONEVALUE 函数禁止显示总计值。

完成设置后，可看到商铺城市销售总额排名效果，如下左图所示。可以看到，排名是无序的，还需要进行调整。

在视觉对象中双击"商铺城市销售总额排名"列名，可看到对排名进行了升序排列，效果如下右图所示。

商铺城市	销售总额	商铺城市销售总额排名
成都市	54395210	3
金华市	91232618	2
厦门市	95951109	1
上海市	34850256	6
深圳市	34624906	7
苏州市	17101650	8
长沙市	40757038	5
重庆市	41203953	4

商铺城市	销售总额	商铺城市销售总额排名
厦门市	95951109	1
金华市	91232618	2
成都市	54395210	3
重庆市	41203953	4
长沙市	40757038	5
上海市	34850256	6
深圳市	34624906	7
苏州市	17101650	8

如果还想要查看产品销售总额的排名，则切换至数据视图，❶启动新建度量值功能，❷在公式编辑栏中输入公式"产品销售总额排名 = RANKX(ALL('产品信息表'), [销售总额])"，如下图所示。

切换至报表视图，❶在"可视化"窗格中选择"表"视觉对象，❷在"字段"窗格中勾选要可视化的元素，如右图所示。此处的"产品名称"列也必须从度量值[产品销售总额排名]中 ALL 函数的参数所使用的表中选择。

使用前面介绍过的方法关闭视觉对象的总计功能并设置样式，再对视觉对象中的排名进行升序排列，得到如下图所示的效果。

产品名称	销售总额	产品销售总额排名
GL冰箱	99613115	1
MD冰箱	96605515	2
GL洗衣机	44658985	3
HE冰箱	39659181	4
MD电视	36421880	5
MD洗衣机	36217145	6
HE电视	21230144	7
HE洗衣机	20019231	8
GL电视	15691544	9

上面介绍的方法是新建度量值后在报表视图中以视觉对象展示排名情况，其实还可以使用 RANKX 函数新建列来展示排名情况。

切换至数据视图，❶切换至"商铺城市"表，❷启动新建列功能，❸在公式编辑栏中输入公式 "商铺城市销售总额排名1 = RANKX(ALL('商铺城市'), [销售总额])"，❹可发现新建列的数据等同于度量值 [商铺城市销售总额排名] 在"表"视觉对象中的显示效果，如下图所示。

如果要查看产品的销售总额排名，❶也可以切换至"产品信息表"，❷启动新建列功能，在公式编辑栏中输入公式"产品销售总额排名1 = RANKX(ALL('产品信息表'), [销售总额])"，❸可发现新建列的数据等同于度量值 [产品销售总额排名] 在"表"视觉对象中的显示效果，如下图所示。

7.6 TOPN 函数：实现前几名或后几名的可视化展现

在报表视图的"字段"窗格中，有一个"前 N 个"的筛选功能可以在可视化展现时快速实现只展现前几名或后几名的效果。其实，有一个DAX 函数也可以达到同样的目的，它就是 TOPN 函数。

需注意的是，TOPN 函数返回的结果是一个表单。如果想在度量值或计算列中使用 TOPN 函数，则该函数必须作为其他函数的参数来使用。

TOPN 函数的语法和参数含义如下所示。

$$\text{TOPN}(<\text{n\_value}>, <\text{table}>, <\text{orderBy\_expression}>, [<\text{order}>[,$$
$$<\text{orderBy\_expression}>, [<\text{order}>]]\cdots])$$

参数	描述
n_value	要返回的行数
table	被筛选的表
orderBy_expression	排序的依据
order	可选参数，指定如何对上一个参数值排序。如果为 0 或忽略，则降序排列，提取前 n 位的行数；如果为 1，则升序排列，返回最小的 n 行

 查看前5名城市销售总额占比的趋势

要想让 TOPN 函数发挥作用，首先创建后续公式中需要用到的度量值 [销售总额]，该度量值的公式为"销售总额 = SUM('产品销售数据表'[销售额])"。随后再次创建度量值，在公式编辑栏中输入公式"前5名的销售总额 = CALCULATE([销售总额], TOPN(5, ALL('产品销售数据表'), [销售总额]))"，如下图所示。该公式可求出前 5 名的城市销售总额，如果想要看前 10 名的城市销售总额，只需要把公式中的 5 改成 10 即可。

切换至报表视图，选择"表"视觉对象，并勾选"商铺城市"列及创建的两个度量值，得到如右图所示的可视化效果。可看到"前 5 名的销售总额"列的每一个数据都是2119532，看起来该度量值没有什么实际意义。

商铺城市	销售总额	前5名的销售总额
成都市	28193286	2119532
金华市	40679666	2119532
厦门市	39250068	2119532
上海市	23520045	2119532
深圳市	31251112	2119532
苏州市	17101650	2119532
长沙市	21905297	2119532
重庆市	34423656	2119532
总计	236324780	2119532

为了让度量值 [前5名的销售总额] 变得有意义，可将第 6 章介绍的 ALL 函数、DIVIDE 函数与该度量值结合使用，创建新的度量值 [前5名的城市销售总额占比]，该度量值的公式为"前5名的城市销售总额占比 = DIVIDE([前 5 名的销售总额], CALCULATE([销售总额], ALL('产品销售数据表'[商铺城市])))"，如下图所示。

		1 前5名的城市销售总额占比 = DIVIDE([前5名的销售总额],CALCULATE([销售总额],ALL('产品销售数据表'[商铺城市])))							
订单日期	商铺城市	产品编号	品牌	类别	产品名称	销售数量	销售单价	销售额	
2018年4月18日	厦门市	B001	MD	冰箱	MD冰箱	6	4199	25194	
2018年4月26日	厦门市	B001	MD	冰箱	MD冰箱	6	4199	25194	
2018年5月9日	厦门市	B001	MD	冰箱	MD冰箱	6	4199	25194	
2018年5月12日	厦门市	B001	MD	冰箱	MD冰箱	6	4199	25194	
2018年5月17日	厦门市	B001	MD	冰箱	MD冰箱	6	4199	25194	
2018年6月2日	厦门市	B001	MD	冰箱	MD冰箱	6	4199	25194	
2018年6月13日	厦门市	B001	MD	冰箱	MD冰箱	6	4199	25194	
2018年6月28日	厦门市	B001	MD	冰箱	MD冰箱	6	4199	25194	
2018年7月4日	厦门市	B001	MD	冰箱	MD冰箱	6	4199	25194	
2018年7月10日	厦门市	B001	MD	冰箱	MD冰箱	6	4199	25194	
2018年7月11日	厦门市	B001	MD	冰箱	MD冰箱	6	4199	25194	

切换至报表视图，❶在"可视化"窗格中选择"折线图"视觉对象，❷在"字段"窗格中勾选度量值 [前5名的城市销售总额占比]，在"日期表"中勾选"日期"列，❸并在"可视化"窗格的"字段"选项卡下设置好"轴"组下的参数，即关闭"日期"下的"年""季度""日"，保留"月份"，如右图所示。

适当设置"折线图"视觉对象的格式，得到如下图所示的可视化效果。在该图中，度量值 [前5名的城市销售总额占比] 展现了 2018 年和 2019 年的前 5 名城市的销售总额占比的趋势情况，为了单独查看一年的趋势情况，还需要插入年度切片器。

如果想要按季度分析前 5 名城市的销售额占比情况，只需把"轴"组下的"月份"换成"季度"；如果想要查看前 5 名城市的销售数量占比变化趋势，则需要将前面创建的度量值 [销售总额] 改为 [销售总量]，且将度量值公式中的"销售额"都改为"销售数量"。

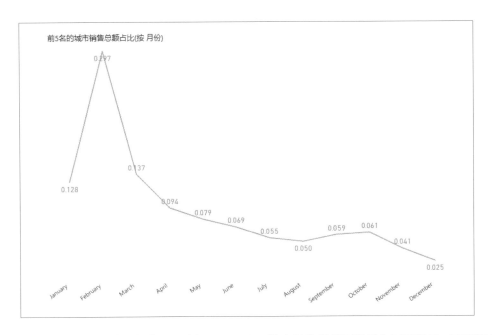

在插入的切片器中筛选年度，如选择"2019"，筛选后的折线图效果如下图所示。可看到"前5名的城市销售总额占比"在 2019 年 2 月后呈下降趋势。不过这到底是因为城市分店数量的增加，还是因为商铺销售业绩不景气，就需要数据分析人员去进一步挖掘了。

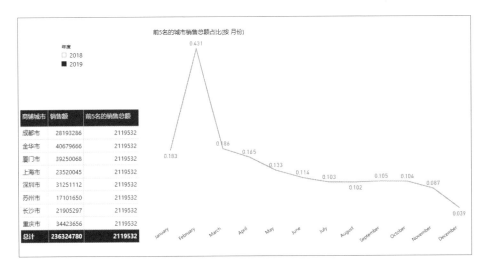

第8章

令人瞩目的数据表现形式
——数据可视化

　　同样的数据可以从不同的角度进行分析，也可以使用不同的手段进行可视化展现。Power BI 中的视觉对象是比 Excel 图表更加智能的数据可视化工具，可以对数据进行探索式分析，洞察数据背后的意义。

　　对于特定的数据或场景而言，并不是什么视觉对象都适合，所以，了解各个视觉对象的适用范围很有必要。考虑到本书的大部分读者对 Excel 图表已有一定的了解，而 Power BI 中的视觉对象与 Excel 图表的作用差别不大，因此，本章不会逐个介绍 Power BI 中的视觉对象，而是主要讲解如何使用 Power BI Desktop 中的工具让视觉对象能够完成更深层次的数据分析。

8.1 自定义视觉对象: 突破想象力的可视化效果

在 Power BI 中，数据可视化的过程非常简单，直接在窗格中选择需要的视觉对象和元素即可。Power BI 已经内置了种类丰富的视觉对象，但实际的数据分析任务千变万化，这些视觉对象不可能完全需求，此时就可以导入自定义的视觉对象来扩充数据可视化的手段。

导入自定义的视觉对象有从文件导入和从市场导入两种方式，第二种方式操作起来比较方便，因此，下面就来介绍这种方式。

❶单击"可视化"窗格中的"导入自定义视觉对象"按钮，❷在展开的列表中单击"从市场导入"选项，如下左图所示。也可以直接在"开始"选项卡下单击"来自市场"按钮，如下右图所示。

在打开的"Power BI 视觉对象"对话框的左侧可看到视觉对象的类别，用户可根据需要选择类别来快速找到需要的视觉对象。默认情况下，对话框中显示的视觉对象是根据"为你建议"来排序的，即系统会将其认为最值得安装的视觉对象排在前面，用户还可以按视觉对象的评级或名称进行排序。

❶单击"为你建议"按钮，❷在展开的列表中单击"评级"选项，如右图所示。

随后可看到对话框中的视觉对象已按照评级排列，如下左图所示。评级越高的视觉对象越靠前，反之则越靠后。

下右图所示为按照名称排列的视觉对象。此外，如果用户知道想要导入的视觉对象的名称，可在搜索框中输入名称关键词来搜索视觉对象。

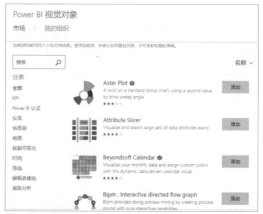

如果找到了要导入的视觉对象，可在该视觉对象右侧单击"添加"按钮，如右图所示。此处以添加"Word Cloud"视觉对象为例，该视觉对象可以制作当前比较流行的"文字云"效果。

在弹出的"导入自定义视觉对象"对话框中单击"确定"按钮，即可将该视觉对象添加到"可视化"窗格中。随后就可以使用添加的视觉对象对导入的数据进行可视化了。

导入很多自定义视觉对象后，Power BI Desktop 程序的运行速度可能会变得缓慢，此时可根据使用情况删除不需要的自定义视觉对象。如果要删除的自定义视觉对象比较少，如只有一两个，❶可在"可视化"窗格中右击要删除的自定义视觉对象，❷在弹出的快捷菜单中单击"从报表中删除自定义视觉对象"命令，如下左图所示。❸然后在弹出的"从报表中删除自定义视觉对象？"对话框中单击"删除"按钮，如下右图所示。

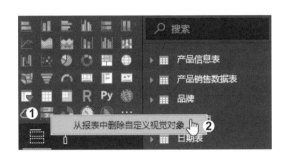

如果想要删除多个自定义视觉对象，❶则在"可视化"窗格中单击"导入自定义视觉对象"按钮，❷在展开的列表中单击"删除自定义视觉对象"选项，如下左图所示。❸在弹出的"选择要删除的自定义视觉对象"对话框中单击选中要删除的自定义视觉对象，❹然后单击"删除"按钮，如下右图所示。随后会弹出"从报表中删除自定义视觉对象？"对话框，直接单击"是，删除"按钮即可。

8.2 标注最大值、最小值: 关注走势图的特定数据

在对报表中的数据进行可视化分析时,如果想要标注出几个特定的数据点,如最大值或最小值,可以使用 DAX 函数创建这些数据点的度量值,然后利用度量值在视觉对象中标注这些数据点。

以在走势图中标注最大值和最小值为例。首先,创建需要的度量值,公式如下所示。

销售总额 = SUM('产品销售数据表'[销售额])。

最大值 = IF([销售总额]=MAXX(ALLSELECTED('产品销售数据表'[订单日期]), [销售总额]), [销售总额])

最小值 = IF([销售总额]=MINX(ALLSELECTED('产品销售数据表'[订单日期]), [销售总额]), [销售总额])

然后,创建以"产品销售数据表"中的"订单日期"列为横轴、度量值[销售总额]为纵轴的折线图,并勾选度量值[最大值]和[最小值]。在"可视化"窗格的"格式"选项卡下,启用折线图的"数据标签"功能。❶在"数据标签"下打开"自定义系列"开关按钮,启用该选项,❷选择"销售总额"系列,❸关闭"显示"开关按钮,不显示"销售总额"系列的数据标签,如右图所示。

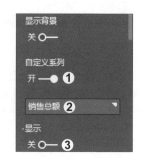

在折线图中还可以插入一个切片器,在拖动切片器中的滑块时,折线图中显示的数据点会随着订单日期时间段的变化而变化,如下图所示。

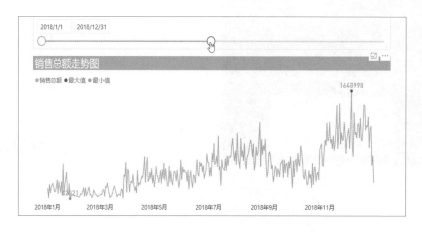

8.3 筛选器：筛掉无关数据，保留关注信息

在 Power BI 中，除了使用切片器这个视觉对象筛选数据外，还可以使用筛选器来筛选数据。在旧版 Power BI Desktop 中，筛选器位于"可视化"窗格中；在新版 Power BI Desktop 中，用户可以选择将筛选器显示在一个独立的窗格中。

下图所示为制作好的 2 个视觉对象，下面使用"可视化"窗格中的筛选器对这 2 个视觉对象进行筛选操作。按照作用的范围，筛选器可以分为视觉级筛选器、页面级筛选器和报告级别筛选器。下面分别讲解这 3 种筛选器。

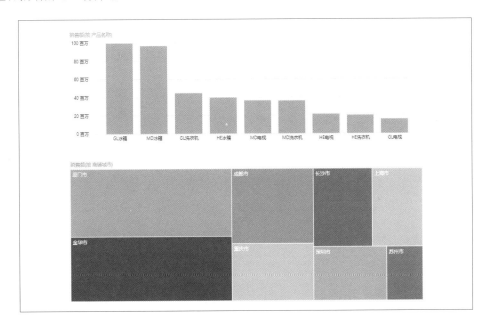

1．视觉级筛选器

视觉级筛选器是最常用的一种筛选器，当画布中没有视觉对象时，该筛选器不会出现，只有创建并选中一个视觉对象后，在"可视化"窗格的"字段"选项卡下的"筛选器"中才会出现该类筛选器。

现要筛选出柱形图中销售额大于等于 2000 万且小于等于 6000 万的产品。选中柱形图，❶在"筛选器"中的"视觉级筛选器"下展开"销售额"字段下的详细选项，❷单击"显示值满足以下条

件的项"下拉列表框，❸在展开的列表中单击"大于或等于"选项，如下左图所示。❹随后在"大于或等于"下的文本框中输入"20000000"，再单击"且"单选按钮，并设置好另一个筛选条件，即小于或等于60000000，❺完成后单击"应用筛选器"按钮，如下右图所示。

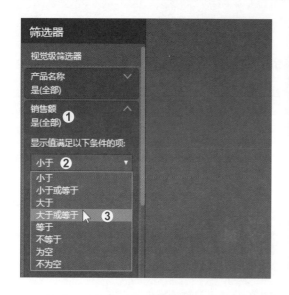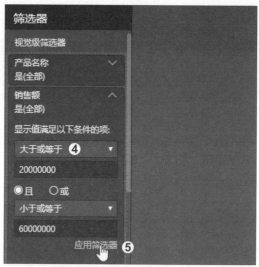

　　筛选后的柱形图效果如下图所示，可看到只显示销售额大于等于2000万且小于等于6000万的产品数据。

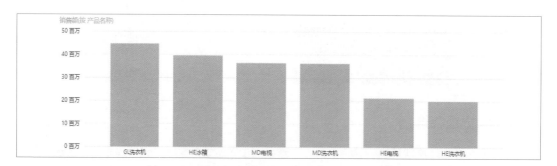

　　在筛选数据时，不同数据类型的字段，其筛选的方式也不同。例如，上面筛选的"销售额"字段是数值型字段，其筛选条件设置就是一个数值范围。如果筛选的字段是文本型，则筛选方式有"基本筛选""高级筛选""前 N 个"3 种。此处以"前 N 个"筛选方式为例，介绍文本型字段的筛选。

前N个，顾名思义，就是筛选出最大或最小的N个数据。选中树状图，❶在"筛选器"中展开"商铺城市"字段，❷单击"筛选类型"下拉列表框，❸选择"前N个"筛选方式，如下左图所示。❹在"显示项目"下设置筛选条件为"上""5"，❺将"销售额"字段拖动到"按值"下的字段框中，此筛选条件的意思是显示销售额排名前5位的商铺城市，❻完成设置后单击"应用筛选器"按钮，如下右图所示。在"显示项目"中还有一个"下"类型，其代表筛选最小的N个数据。

完成筛选后，可看到树状图中只显示销售额排名前5位的商铺城市，如下左图所示。如果想要清除筛选或重新进行筛选，可以单击筛选字段右侧的"清除筛选器"按钮，如下右图所示。

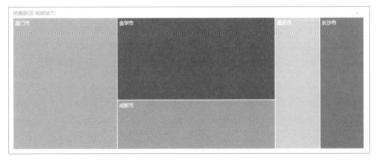

2. 页面级筛选器

页面级筛选器就是可以筛选当前报表页面中所有视觉对象的筛选器，具体设置方法和视觉级筛选器类似，不同之处在于，设置之前不需要在画布上选中视觉对象，❶只需要把想筛选的字段拖动到"筛选器"中的"页面级筛选器"下即可，此处将"类别"字段拖动到筛选器中，如下左图所示。❷随后展开该筛选字段，❸勾选要筛选的类别复选框即可，如下右图所示。

 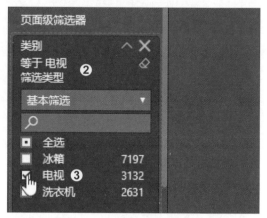

随后可发现当前页面中的所有视觉对象都被应用了筛选条件，只显示"电视"类产品的数据，效果如下图所示。

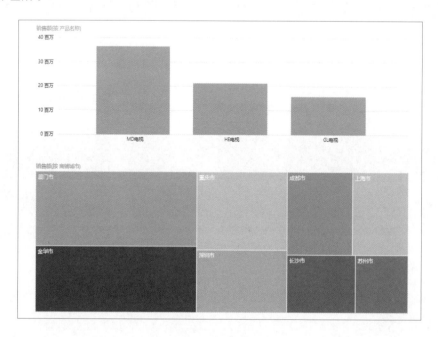

3．报告级别筛选器

报告级别筛选器位于页面级筛选器的下方，其作用的范围更广，不仅可以筛选当前页面的全部视觉对象，还可以筛选报表内其他页面的视觉对象。由于其筛选方式和前两种筛选器类似，这里就不再详细介绍。

在 Power BI Desktop 中将制作好的报表发布到 Power BI 服务中后，创建的筛选器依然有效，同样可以在 Power BI 服务中进行报表的筛选。

当画布中的视觉对象较多时，在"可视化"窗格中设置筛选器可能会不太方便，此时可以试一试使用新版 Power BI Desktop 提供的功能，将筛选器显示在一个独立的窗格中。

将 Power BI Desktop 更新到最新版，启动后单击"文件＞选项和设置＞选项"按钮，打开"选项"对话框，❶在左侧的"全局"组下切换至"报表设置"选项卡，❷在右侧的"引入新筛选器窗格"下勾选"在现有报表中启用新筛选器窗格"复选框，如下图所示。

❶在左侧的"当前文件"组下切换至"报表设置"选项卡，❷在右侧的"筛选体验"下勾选"启用更新后的筛选器窗格，并在视觉对象标头中显示此报表的筛选器"复选框，❸然后单击"确定"按钮，如下图所示。

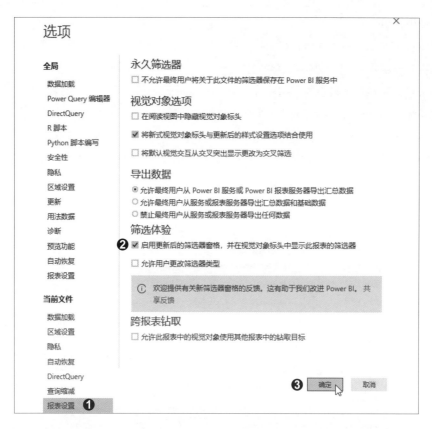

此时可以看到，筛选器不再显示在"可视化"窗格中，而是作为一个独立的窗格位于"可视化"窗格的左侧，如下左图所示。在"筛选器"窗格中，"此页上的筛选器"就是页面级筛选器，"所有页面上的筛选器"就是报告级别筛选器。如果选中视觉对象，该窗格中还会显示"此视觉对象上的筛选器"，也就是视觉级筛选器。在窗格中可以对设置的筛选条件进行锁定、隐藏、清除和删除等操作。

在画布中不选中任何视觉对象，在"可视化"窗格中切换至"格式"选项卡，在"筛选器窗格"选项组中可对"筛选器"窗格进行背景色、字体颜色、标题文本大小等格式设置，如下右图所示。

启用新筛选器功能后，视觉对象上会出现一个筛选提示图标，将鼠标指针悬停在该图标上后，会显示该视觉对象正在使用的筛选器条件，如下图所示。

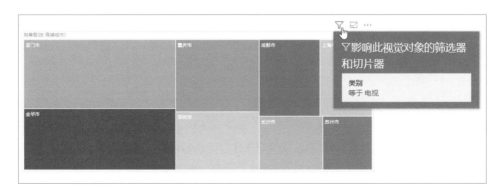

8.4 编辑交互：体验更灵活的数据可视化

Power BI 的视觉对象与 Excel 图表的一大区别就是其可视化分析是动态的，当对报表中的某个视觉对象进行筛选时，位于同一个报表页面中的其他视觉对象会随之进行动态响应，可以帮助用户快速发现数据背后的规律。但有时这种动态的筛选会将优质的分析变成无用的分析，此时就需要使用编辑交互功能让视觉对象进行恰到好处的筛选。

在画布中单击柱形图中代表某个字段项目的柱子，如"金华市"，即可突出显示画布中与该字段相关的其他视觉对象，未突出显示的数据仍然可见，但会变淡，如下图所示。可发现筛选后突出显示的效果并不理想，例如，饼图的突出显示结果对数据分析来说没有任何意义，此时就可以通过编辑交互功能使饼图不响应筛选操作。

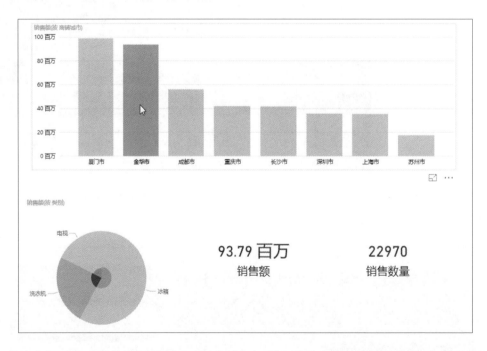

❶选中柱形图，❷切换至"可视化工具-格式"选项卡，❸单击"编辑交互"按钮，如下左图所示。Power BI Desktop 会将"筛选器""突出显示""无"按钮添加到当前报表页面中的其他视觉对象上，❹这里要禁用饼图的筛选，因此在饼图上单击"无"按钮，如下右图所示。

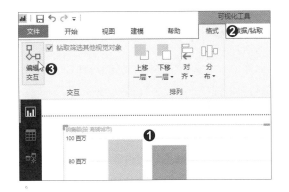

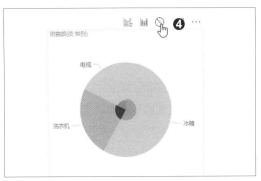

随后可发现，在柱形图中无论选择哪个商铺城市，饼图都不会受影响，但是其他视觉对象依然会随着筛选而发生变化，如下图所示。如果要恢复饼图的筛选功能，可在启动编辑交互功能后，单击饼图上出现的"突出显示"按钮。

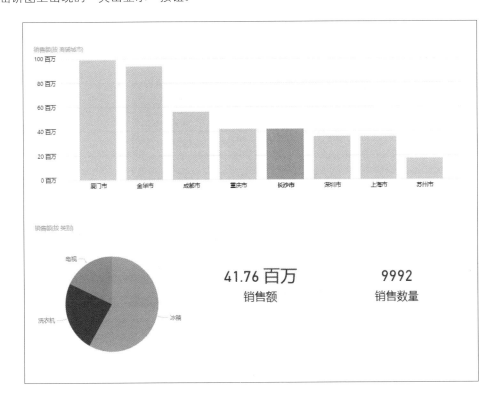

8.5 钻取：深入了解更详细的信息

查看报表时，如果想深入了解某个视觉对象的信息，如查看 2018 年的总体数据时又想知道该年度中每个季度甚至每个月的数据，可以使用钻取功能。

为了能够直观看到层次的变化，首先制作一个矩阵。❶在"可视化"窗格中单击"矩阵"视觉对象，❷在"字段"窗格中勾选"产品销售数据表"中的"销售额"列和"日期表"中的"日期"列，❸可看到"日期"列会自动位于"行"下，且 Power BI Desktop 会自动为添加的日期设置层次结构，如下图所示。

此时，报表中的矩阵显示的是年度数据，选中该视觉对象。如果要查看更深层次的数据，首先要启用深化功能。单击视觉对象顶部工具栏中的"单击启用'深化'"按钮，如下左图所示，或者单击"可视化工具 - 数据 / 钻取"选项卡下的"向下钻取"按钮，如下右图所示。

启用深化功能后，在矩阵上单击需要钻取的数据对象，如单击"2019"，如下左图所示。可看到如下右图所示的数据效果，显示了 2019 年 4 个季度的数据。

年	销售额
2019	**243177548**
季度 1	28852120
季度 2	48793459
季度 3	63502245
季度 4	102029724
总计	**243177548**

继续用相同方法在矩阵中展开季度下的月数据和月下的日数据，如果要返回钻取前的效果，可单击视觉对象顶部工具栏中的"向上钻取"按钮，如下左图所示。

如果不想逐级钻取，而是要查看下一层次的全部数据，首先单击"单击启用'深化'"按钮，取消深化功能，然后单击"转至层次结构中的下一级别"按钮，如下右图所示，即可看到每月的月销售额数据。需要注意的是，这里展示的是两个年份的同月销售额合计值，对常规的数据分析来说意义不大，所以在钻取和查看下一级别的数据时，要合理使用这些功能按钮。

年	销售额
2019	**16312159**
季度 2	**16312159**
May	**16312159**
1	299839
2	325033
3	458109
4	358414
5	580670
6	565690
7	689456
8	722256
9	700716
10	613743

月份	销售额
January	16804316
February	7397843
March	16424397
April	23607285
May	27888652
June	32395606
July	40296451
August	44121210
September	36723396
October	35243926
November	53068111
December	87499643
总计	**421470836**

如果要展开所有级别的数据，首先单击"向上钻取"按钮，返回年度数据，然后连续单击"展开层次结构中的所有下移级别"按钮，即可查看级别中的全部数据，如下图所示。

年	销售额
2018	**178293288**
季度 1	**11774436**
January	5015294
February	2348512
March	4410630
季度 2	**35098084**
April	10505521
May	11576493
June	13016070
季度 3	**57638812**
July	18800388
August	22792513
September	16045911
季度 4	**73781956**
October	14146392
November	27841395
December	31794169
2019	**243177548**
季度 1	**28852120**
January	11789022
February	5049331
March	12013767
总计	**421470836**

如果不想查看某个层次的数据，如不想查看季度数据，可在"可视化"窗格的"行"中单击该层次右侧的⊠按钮，如下左图所示，即可看到矩阵中不再显示季度数据，如下右图所示。

无论数据是什么类型，只要数据的结构有层级关系，都可以进行钻取操作。但是需要注意的是，如果创建的视觉对象中添加的日期列没有自动创建层次结构，有可能是因为日期列实际上并未保存为日期类型，此时就需要在数据视图下更改表中日期列的数据类型。

8.6 工具提示：满足不同层次的用户需求

　　如果已经制作好了一个报表页，发现还需要在该报表页中添加更多维度的数据可视化分析，但是报表页的画布空间却不够用，就可以使用工具提示功能将与视觉对象相关的其他视觉对象的信息一目了然地展示在页面中，从而满足不同层次的数据分析需求，也让想了解更多信息的用户可以很方便地进一步探索数据。

　　下图所示为"第1页"报表页中的商铺城市销售额对比柱形图，将鼠标指针放置在某一柱子上，在浮动框中展示的只是该柱子对应的商铺城市及销售额数据。

　　如果想要在浮动框中展示该商铺城市下各类别、品牌的销售额对比情况及该城市的总销售额和总销售数量，可以通过在报表中新建页面并将该页面变为工具提示来达到目的。

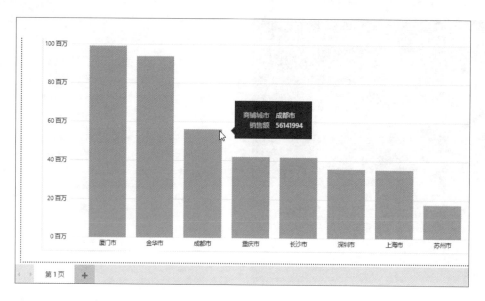

首先单击"第1页"右侧的"新建页"按钮，新建一个页面，并将该页面命名为"工具提示"。❶然后在"工具提示"页面右侧的"可视化"窗格中切换至"格式"选项卡，❷在"页面信息"组下单击"工具提示"开关按钮，启用该工具，如下左图所示。❸随后在"页面大小"组下单击"类型"下拉列表框，❹在展开的列表中选择"工具提示"选项，如下右图所示。此时"工具提示"页面的尺寸就变为适合制作工具提示内容的尺寸。

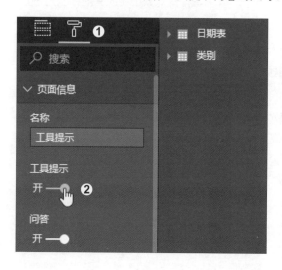

在"工具提示"页面中制作要在浮动框中展示的视觉对象，此处添加了两个柱形图和两个卡片图，随后将制作的视觉对象根据页面的尺寸调整大小，并移动到合适的位置，得到如下图所示的效果。

切换至需要使用工具提示的"第 1 页"页面中，选中要使用工具提示的视觉对象，即各个商铺城市的销售额对比柱形图，❶切换至"格式"选项卡，❷在"工具提示"组下单击"页码"下拉列表框，❸在展开的列表中选择前面创建的"工具提示"页面，如右图所示。

然后将鼠标指针悬停在柱形图中代表某个城市的柱子上，如悬停在"成都市"上，就会在浮动框中显示"工具提示"页面的内容，其中各视觉对象展示的数据是成都市的数据，如下图所示。

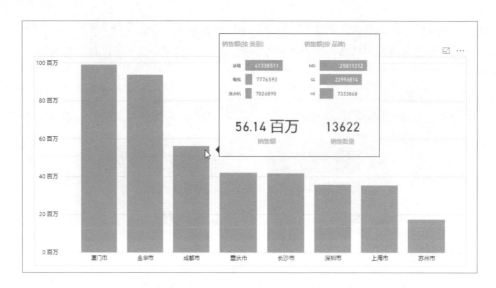

将鼠标指针悬停在其他城市的柱子上，如悬停在"重庆市"上，可发现浮动框中的视觉对象展示的数据会发生相应的变化，如下图所示。由此展现了 Power BI 在智能分析上的强大之处。

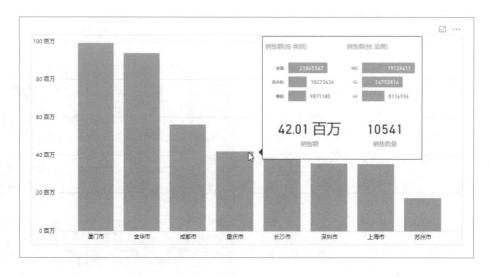